宇宙プラズマ物理学

桜井邦朋 著

恒星社厚生閣

まえがき

『宇宙プラズマ物理学』と題した本書は，その内容から了解いただけるように，この方面の研究をすすめるに当たって，必要不可欠な広い範囲にわたっている．

その範囲は，地球大気の上層，100 km 辺りから，そのさらに上層に広がる大気が電離（イオン化）されているいわゆる電離層，その外側に広がる地球からの磁場が，プラズマや荷電粒子の運動に強く影響を及ぼしている地球磁気圏，さらにその外側には，太陽大気の外延を形成するコロナ・ガスが，太陽風と呼ばれる超音速の流れとなって太陽系の空間中を，膨張していき，最終的には，天の川銀河空間に広がるプラズマと磁場と出会って，せきとめられ，太陽圏（Heliosphere）と呼ばれる広大な領域を形成している．その太陽圏の大きさは，太陽が向かう方向では，およそ100天文単位（1天文単位：A.U.は太陽・地球間の距離でほぼ1億5000万 km），その反対側は，この距離の2倍ほど遠くまで広がっている．

天の川銀河空間にも，電離（イオン化）した気体であるプラズマが存在し，そこには，いわゆる銀河磁場が，おおよそアームに沿って広がっており，この領域も当然，宇宙プラズマ物理学の研究領域となっているというわけである．

本書の長さは，この領域の広さと比して，手に取ってみればおわかりのように，あまり厚くはないが，その長さは，「文献解題」の項に示してあるスピッツァー（L. Spitzer）とカウリング（T.G. Cowling）が，それぞれ著した2つの本と，大体同程度である．これだけの長さの中に，宇宙空間にあまねく存在するプラズマの物理学的な研究に必要にして十分といってよい必須の事柄が，記述されているのである．

本書には，著者の最も大切だと考えていることの全てが，大部の書物ではないが，含まれているので，基礎的な勉強をすすめるに当たっては，十分にその役割を果たしてくれるであろう．このような目的の下に，本書が作れているの

である．

　本書の出版に当たっては，恒星社厚生閣社長，片岡一成氏のお力添えを頂いたことを記し感謝したい．また，本書の編集に当たっては，編集部の白石佳織氏の献身的な御努力があった．このような形に本書が仕上がったことに安堵されておられることであろう．同氏にも深く感謝したい．

　　2012 年 7 月

著　者

宇宙プラズマ物理学　目　次

まえがき………………………………………………………………………………… iii
プロローグ……………………………………………………………………………… 1

第1章　宇宙空間のプラズマ ……………………………………………………… 3
　太陽と太陽風　3
　地球の外圏—磁気圏の形成　6
　星間空間のプラズマ　9

第2章　単一荷電粒子と電磁場との相互作用 ………………………………… 13
　運動学（Kinematics）　13
　地球磁場内の荷電粒子　18
　案内中心（Guiding Center）による取り扱い　23
　　(a) ドリフト運動とラーモア運動　23
　　(b) 案内中心（guiding center）からみた荷電粒子の運動　27
　　(c) 慣性運動によるドリフト　28
　　(d) 断熱不変量（adiabatic invariant）の概念　30
　電磁放射　31

第3章　プラズマ—荷電粒子の集団的取り扱い ……………………………… 37
　一般的な性質　37
　　(a) デバイ（Debye）距離　37
　　(b) プラズマの振舞いを記述する基本方程式　38
　プラズマの挙動と電磁場　42
　輸送現象　44

第4章　磁化プラズマの挙動 …… 49

　アルフヴェンの定理　50
　カウリングの定理　52
　フェラーロの定理　55
　ダイナモ作用—天体磁場の起源　59
　磁化プラズマの安定性　70
　"力が働かない"（force-free）磁場　73

第5章　荷電粒子の加速過程 …… 77

　運動する磁場内の荷電粒子　78
　フェルミ加速機構　82
　時間変化する磁場内の荷電粒子　91
　磁気衝撃波による加速　93
　プラズマ加熱　99

第6章　プラズマ内の波動現象 …… 105

　分散関係と磁化プラズマ　106
　プラズマ振動と静電波（Electrostatic Wave）　113
　電磁流体波と磁気音波　114
　荷電粒子と波動との相互作用　117
　プラズマからの電磁放射　121

エピローグ—宇宙プラズマ物理学が目指すこと …… 127

文献解題—著者の経験から　130
付録1　気体分子運動論における分子の速度分布　141
付録2　物理定数表　143
付録3　電気・磁気の単位について　144

あとがきに代えて—太陽活動にみられる最近の状況について　147

事項索引　149
人名索引　153

プロローグ

　私たちは，太陽系と呼ばれる太陽の周囲を公転する惑星たちの中で，太陽に3番目に近い地球（Earth）と名づけられた小さな天体の上で生を営んでいる．瞬時も休むことなく，太陽は太陽系の惑星たちに光を降り注ぎ，これらの天体固有の環境を作りだしている．

　地球は，太陽から1億5000万kmほど離れた空間を，毎秒約30kmの速さで，太陽の周囲を公転している．地球自体は自転しており，その周期は約24時間であり，この自転により昼夜が生じ，それに適応した生活を私たちは送っている．

　私たちは地球上の大地に自分たちの棲家を定め，自らが築いてきた科学と技術に拠って立つ，いわゆる技術の文明に依存した文化的な生活を，多くの人びとが送っている．現在，地球上に住む70億余りの人びとすべてが，この文明の恩恵を享受しているわけではなく，生活上の格差はむしろ拡大しつつあるのが，実際の状況である．

　地球の大地は，岩石や泥土や砂から成る．地球表面を眺めると，すぐにわかるように，約3分の2は海洋に掩われており，豊富な水に恵まれていることがわかる．物質の性質に対する分類では，海洋に湛えられている水は液体（fluid），岩石や泥土は固体（solid），私たちの周囲に広がる大気は気体（gas）から，成っている．海洋に湛えられた水（water）は凍ると氷（ice）と呼ばれる固体となり，暖められて蒸発すると水蒸気（water vapor）となる．このように，物質は状態を変えることができるのである．この事実については，私たちに経験を通じて知られており，物質の3態としばしば呼ばれている．

　地球の内部深くへ踏みこんでみると，地下2800kmより深い領域では，物質

は流体となって存在しており，この流体はセ氏で6000度ほどにまで達し，構成物質は電離（イオン化）されており，その対流運動に伴って生じた電流は磁場を生みだす．この磁場の一部が，地表から地球半径の10倍ほどもある空間にまで，少なくとも広がっている．

地球内部が電離した流体から成り，地球に磁気が存在し，その成因が地球内部に潜んでいることが，19世紀前半に，大数学者にして大物理学者でもあったガウス（C.F. Gauss, 1777-1855）によって，早くも推測されている．また、この学者によって，地球の磁気は，地球の高緯度地方にしばしば出現するオーロラと呼ばれる大気の発光現象に，その成因をめぐって関わっていることが，彼が著した『地磁気論（Allgemeine Theorie des Erdmagnetismus）』(1838)の中で，指摘されている．また，ガウスはさらに，静穏時において地球表面で観測される地球磁気の変動にみられる日周パターンの分析から，地球の上層大気中に，電気伝導性の領域が存在することにまで言及している．

このような大気層は，現在，電離層（ionosphere）と呼ばれている．その存在は，1920年代半ばすぎに，短波（HF）による無線通信技術の発展に関わって，確定されている．ガウスによる推測の正しさが実証されたのであった．電離層は大気が電離（イオン化）されており，大気を構成する正負の両イオンと電子が，電波伝播の仕方に影響しているので，短波による無線通信技術の開発と，その国際的なネットワークの拡大をもたらしたのであった．現在では，物質が電離（イオン化）された状態が，プラズマ（plasma）と呼ばれているのである．

現在，私たちの周囲には，物質の3態，つまり，固体，液体，気体に加えて，電離（イオン化）された第4態と呼ばれる状態の存在が，明らかとなっている．

この物質の第4態と呼ばれるような物質が作りだすプラズマという状態は，現在では，太陽をはじめとした星々の大気やその内部，これらの星々の一部からその周囲の空間に向かって流れだす電離（イオン化）した気体の風（stellar wind）にも，普遍的にみられる現象である．星と星との間に広がる空間にも，非常に希薄だが，電離（イオン化）した気体（ガス）が広がって存在していることも，わかっている．今までみてきたことから推測されるように，この宇宙空間の至るところに，プラズマは存在しているのである．

第1章

宇宙空間のプラズマ

　宇宙プラズマ物理学（Cosmic Plasma Physics）は，天の川銀河に広がる宇宙空間内で，プラズマ状態にある物質が，どのような物理現象を作りだし，この自然を多彩なものとしているのかについて，主に踏みこんで研究していくことを目的とした学問なのだと言えよう．

　これから，地球の周囲に広がる地球内部起源の磁気が，太陽から瞬時も休むことなく溢れだす超音速の電離（イオン化）したプラズマから成る太陽風（solar wind）と出会い，どのような相互作用をしているかについて，みていくことにしよう．

　そのあとで，星々の間に広がるいわゆる星間空間に分布するプラズマと宇宙線（cosmic rays）と呼ばれる高エネルギー粒子との相互作用についても，簡単にふれることにしよう．宇宙線はほぼ完全に電離（イオン化）された陽子をはじめとしたいろいろな原子核から成り，その物理的な性質を詳しく調べることにより，超新星爆発のような宇宙の高エネルギー現象の謎を解き明かす手掛かりを，与えてくれるのである．

　ではまず，私たち生命の存在にとって，不可欠な天体である太陽と，その周囲に広がる大気の物理的な状態について，眺めてみることにしよう．

◆ 太陽と太陽風

　私たちから見える太陽の大きさは，視直径がほぼ32分の角度だが，地球からの距離が平均で1億5000万kmあるので，この大きさ（直径）は140万kmほどもある．太陽はガス球（gaseous sphere）で，私たちに見える光球（photosphere）

と呼ばれる光り輝く球体の温度は5782K（絶対温度）もある．この光球の大気の電離（イオン化）の割合は，5パーセントほどで，光球は，圧倒的に中性の原子や分子の気体（ガス）からできている．

　光球のすぐ上空には，10万kmほどにわたって，光球から離れるのにしたがって，温度が急激に上がっていく彩層（chromosphere）と呼ばれる大気層が広がっている．この大気層の外側に，かつては皆既日食時にのみ観測されたコロナ（corona）と呼ばれる真珠色に輝く大気層が，太陽半径の数倍にわたって広がっている．このコロナからは，地上の実験室で全然再現できない波長の光が放射されており，これらが先程ふれた特異な光を，コロナに作りだしていたのであった．

　そんなわけで，コロナには特殊な原子が存在しているのではないかと想定され，コロニウム（coronium）といった名前ほかがつけられていたが，1942年になってグロトリアン（W. Grotrian）により，例えば，鉄原子が電離（イオン化）されて，14個の電子を失った状態にあることが示され，コロナからの光が作りだす色の謎が解かれてしまった．だが一方で，こんなに強く電離（イオン化）された原子のイオンが存在するという事実は，コロナのガスが，100万度（セ氏で）以上に達するような高温になければならないことを示唆していた．水素をはじめとして，このガスを構成する粒子群は完全に電離（イオン化）されているか，大部分の電子を失っているのである．

　このコロナと呼ばれる高温の大気層の外延部のガスは，太陽の重力場の作用を振り切って，太陽の周辺から超音速の風となって，太陽系の空間を吹き抜けていることが，パーカー（E.N. Parker）により，理論的な分析に基づいて，1958年に予言された．この流れを，彼は太陽風（solar wind）と呼ぶよう提案した．太陽風が実際に太陽系の空間中を吹きつのっていることは，1962年に金星へ向けて飛行していたアメリカの金星探査機，マリナー2号により，実際に観測されて実証されたのであった．

　コロナを形成している高度に電離（イオン化）した種々の原子や分子，それに水素核（陽子）が，コロナ・ガスを形成している事実については，先にふれたが，100万度（セ氏で）以上の温度にまでコロナ・ガスがなっているので，

コロナ中の音速は秒速100 kmを超える．こうしたいわば高速のガスから成るコロナの外延部は，太陽の重力場の働きに対抗して，外部の空間へと溢れだすようになる．その際，音速の数倍にまで加速され，超音速の流れとなって，惑星間空間へと流れだす．この流れが，太陽風（solar wind）と現在呼ばれているコロナ・ガスの絶え間なき膨張である．このコロナ・ガスの流れは，これが天の川銀河に広がる磁場やプラズマと出会って，ついにはせき止められてしまうところにまで広がっている．

　現在，太陽風が吹き荒れている領域は，太陽圏（Heliosphere）と呼ばれており，太陽が運動していく側では，太陽と地球とを結ぶ間の距離（1天文単位）の100倍ほどまで，太陽圏が広がっていることが，アメリカが太陽圏探査のために打ち上げたパイオニア（Pioneer）10号，同11号，それにボイジャー（Voyager）1号，2号の4機による観測結果の解析から示されている．その形

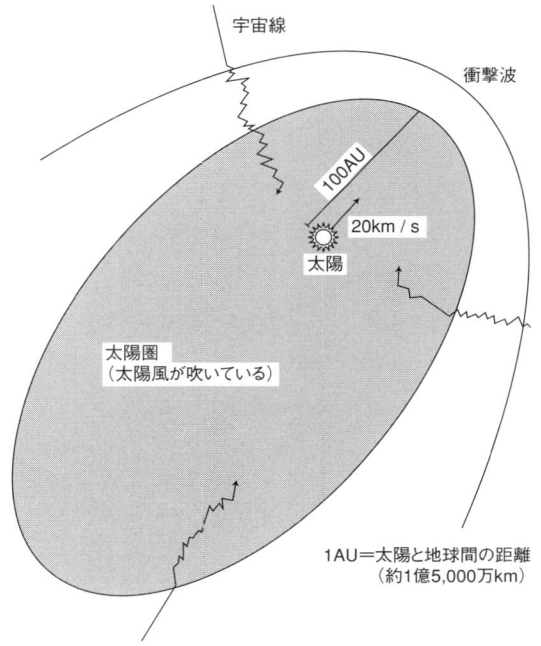

図1-1　太陽の周辺に形成されている太陽圏（Heliosphere）．太陽コロナ外延から外部空間へ溢れて，超音速で流れだす太陽風により形成される．

状は，太陽の赤道面から眺めた場合には，図1-1に示したようになっていると想定されている．

　先に上げた4機の宇宙探査機は，太陽の赤道面からあまり離れていない空間内を，太陽がすすんでいく方向に飛行し，太陽圏の内部を観測した．太陽がすすんでいく方向の反対側，つまり，後側の様子は推測にとどまるが，全体として太陽圏は，卵型の構造をしているにちがいない．

　太陽風は，陽子，ヘリウム核，電子ほかの電離（イオン化）したガス，つまり，プラズマから成る超音速の流れで，コロナ・ガス中に光球面からのびて広がる磁場を，後に述べるように，凍結（frozen-in）している．このようにプラズマが磁場を凍結して運動している状態は，電磁流体（hydromagnetic fluid）と，しばしば呼ばれる．このような流れの中に，太陽系の惑星たちは曝されているのである．

　火星や金星のように磁気をもたない惑星は，太陽風が直接衝突し，太陽に面した側に衝撃波が形成されている．金星の場合には，厚い大気層と太陽風とが直接接触し，高温に加熱されている．水星，地球，木星，土星，天王星，海王星の6惑星は，互いによく似た双極型の磁場が，周囲に広がっており，この磁場が太陽風の流れをさえ切り，表面付近にまで届かないようになっている．今，双極型という表現をしたが，例えば，棒磁石がその周囲に作りだす磁場の強さと向きの空間分布が，双極型の磁場の特性なのである．地球の磁場は本来，双極型のパターンとなっているはずなのだが，太陽風の流れと，この磁場とが出会うことにより，これら両者の相互作用を通じて，地球の周辺に磁気圏（magnetosphere）と呼ばれる領域を形成している．

◆ 地球の外圏──磁気圏の形成

　地球はその中心部に，強力な棒磁石が埋めこまれているかのようにみえるが，このみかけの磁石に起因する磁場が，周囲の空間へと広がっている．この磁石から伸び広がる磁力線が，どのように地表から外部の空間に分布しているのかについては，19世紀半ばまでに，ガウスによって明らかにされて以後，地表における地球の磁場の強さと向きの空間分布が導かれていた．すでにふれたよう

に，この磁場の地表における強さの分布とその変動の解析から，地球の中心部に，この磁場を作りだす原因があり，それにより，現在観測されるような磁場が作りだされているのだと推論されたのであった．また，この磁場が地球の中心部にまるで巨大な棒磁石を地球の自転軸に沿って埋めこんだときに予想されるものと，よく似ていたのであった．ただし，自転軸の南極側に，この"みかけ"の棒磁石の北極が，北極側に南磁極が位置していたのであった．

　地球の周辺が完全に真空であったなら，このみかけの棒磁石から伸びる磁力線は，向きによって異なるが，地球からの距離とともに弱くなっていくはずである．その特徴は，双極型の磁場分布となっているはずであった．だが，前節でふれたように，太陽風を作りだすプラズマが，地球の公転軌道を越えて広がっており，このプラズマの作用により，地球の磁場は地球からその半径の 10 倍程度のところまでしか，太陽に面した側では広がっていない．地球の夜側に対しては，太陽風の働きにより，地球の磁力線は引きのばされていっており，"吹き流し"に似た構造となっている．その様子を描いてみると，図 1-2 に模式的に示したような形に，地球からの磁力線は分布している．磁場が地球の周辺に広がり，太陽風のプラズマが，地表とその近くに近づけないようにしている．このように，地球の磁場が卓越している空間領域が，地球磁気圏（Geomagnetosphere）と呼ばれているのである．

　図 1-2 に示してあるように，太陽からみて夜側に当たる磁気圏内には，赤道近くにプラズマが捉えられている領域が形成されており，プラズマ・シート（plasma sheet）と呼ばれている．この領域に広がる地球からの磁力線は，地球の高緯度帯から伸び広がるものなので，地球付近では，オーロラが頻発する領域が形成されることになる．

　オーロラは，地上 100 km ほど上空に広がる地球の上層大気中へ，地球に近い側のプラズマ・シートに蓄えられていたイオンや電子が，地球の磁力線に沿って，加速されながら飛びこんできて，そこにある酸素や窒素の原子と出会い，これらの原子の周囲に広がる電子を加速し，そのエネルギーを上げた後，このエネルギーの解放を通じ，発生するのである．プラズマ・シートから地球の磁力線に沿って，高緯度帯へと侵入してきた正・負の両イオンと電子は，磁場と

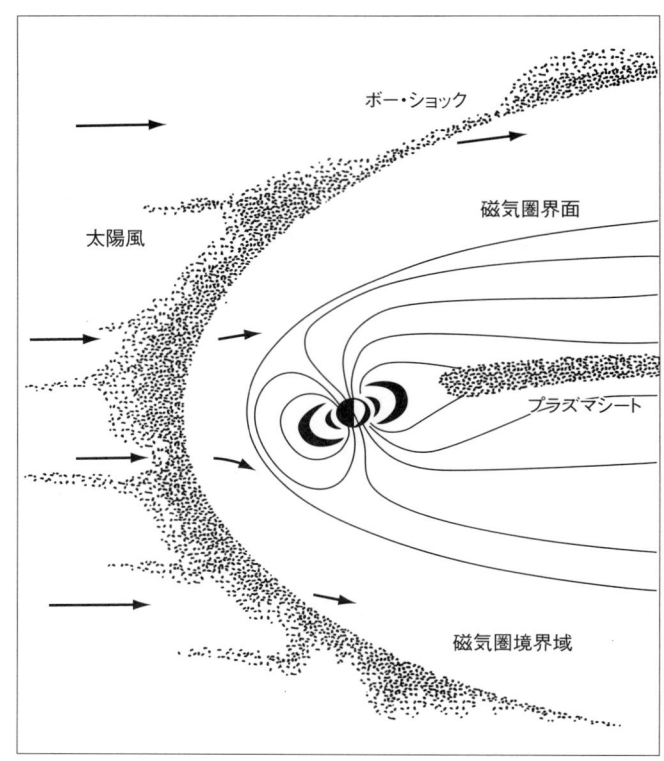

図1-2 地球の周囲に形成されている磁気圏（magnetosphere）．太陽風と地球磁場との相互作用により形成されている磁気圏内部では，地球磁場が卓越している．磁気圏内部でソラ豆の形に描かれているのが2つのヴァン・アレン放射線帯，内帯と外帯である．

　の相互作用のちがいにより，大気中への侵入領域が異なり，オーロラが発生する領域も，電子群と正イオン群とではちがってくる．（この理由は，第2章で荷電粒子のドリフト運動に対する説明から，明らかにされるはずである．）

　地球環境は，地球の周囲に伸び広がる磁力線群が，太陽風の侵入を妨げるために，太陽風による大気の直接の加熱を受けることなく，私たちが現在経験しているような温和なものとなっており，1000万種以上に達すると推測されている諸生命の存在を可能としている．地球の姉妹惑星と言われる金星は，内部起

源の磁場をもたないために，太陽風が大気圏上層部にまで直接届き，大気を加熱し，セ氏で700度にも達する高温になっているのである．

◆ 星間空間のプラズマ

前々節「太陽と太陽風」でふれたように，太陽風が吹きつのって形成している太陽圏の外側は，天の川銀河の空間であり，そこには，数10 km/sの速さでランダムに運動している極めて希薄なプラズマと，1マイクロ・ガウス（μG）程度の弱い銀河磁場とが広がっている．この星間空間には，宇宙線（cosmic rays）と呼ばれる高エネルギー粒子が，銀河磁場により，その運動の方向を曲げられながら，銀河面にほぼ沿って運動しており，その一部が地球に到来する．これらの宇宙線は太陽圏に侵入した後には，太陽起源の磁場と相互作用しながら，地球の公転軌道の近くまでやってくるものがあり，その一部は地球磁場によって，その運動が変調（modulation）を受けながら，地表にまで達するのである．この変調の効果を研究することにより，太陽活動の消長について，間接的だが明らかにすることができるのである．

星間空間に存在するプラズマは，銀河面内のアーム（arm）に沿って広がる磁場の影響を受けながら運動しているが，その一部は，ハロー（Halo）と呼ばれる銀河面から垂直方向に広がる空間領域へも出ていっている．ハローは天の川銀河の中心に対し，球対称にほぼ広がっており，ここに洩れ出ている銀河の磁場は，宇宙線の運動にも影響する．天の川銀河の構造は，図1-3に示したように，銀河面についてみると，アーム（arm）と呼ばれる領域に星々と星間プラズマその他の物質がやや集中して存在し，そこではいわゆる銀河磁場もアームに沿って広がっている．星々の大部分は，銀河面のアームに沿って集中的に分布しているが，これらの星々は種族Ⅰ（PopulationⅠ）に分類され，相対的に多く重元素を含んでいる．さらに，これらの星々は散開星団（Open cluster）と呼ばれる結合のややゆるい集団を形成している．他方，種族Ⅱ（PopulationⅡ）に分類される星々は，球状の集団となって球状星団（Globular cluster）を形成しているが，質量は相対的に小さいものが多く，その上で，重元素の存在の割合も相対的に乏しいことが，観測からわかっている．天の川銀河内における球

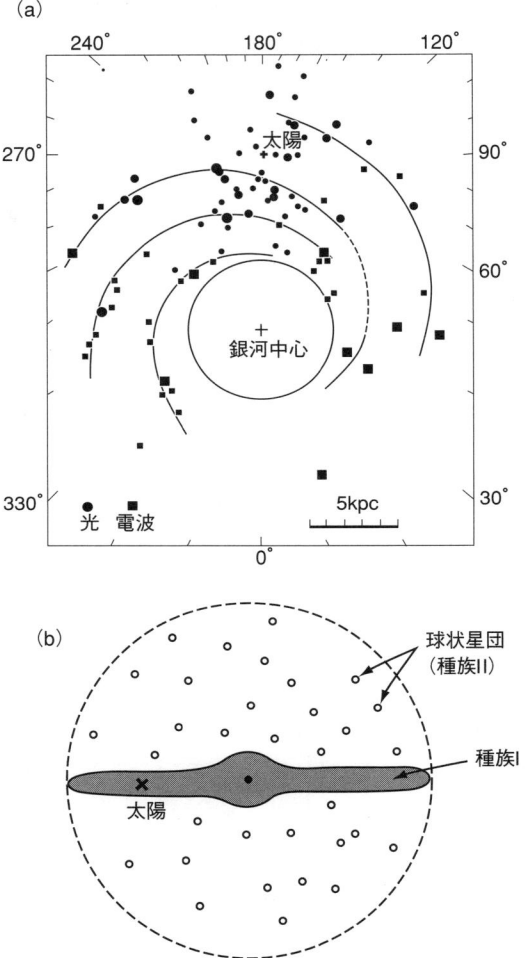

図1-3 天の川銀河の構造
 (a) 円板領域にはアームが広がり，そこには星々や星間物質が集中して存在している．
 (b) 円板領域に沿う方向から眺めた構造．銀河の中心から球状にハロー（Halo）が広がっている．この中心から球対称に球状星団が分布している．希薄な星間ガスも広がっている．

状星団の空間分布は，銀河の中心に対し，球対称に分布するという特徴を示している．

　星々における種族の存在は，宇宙の進化の過程の研究に重要な手掛かりを与えることが，明らかにされている．私たちの生命の源泉である太陽は，種族Ⅰに属しているが，星々の中では相対的には軽い方で，現在，オリオン・アームと呼ばれる星々が形成するアーム中を運行中である．

第2章

単一荷電粒子と電磁場との相互作用

　前章で，宇宙空間にみられるプラズマが織りなす現象について，そのごく一部にふれた．これらの現象から敷衍して想定できるのは，この宇宙では，物質がプラズマ状態になっている姿が，ごく当り前のことで，これらのプラズマが，この宇宙空間の至るところで，ダイナミックな宇宙物理学的現象を作りだすのに，本質的な役割を果たしているのだと言ってよいのである．

　こうした宇宙空間にみられるいろいろな物理状態にあるプラズマが作りだす多彩な宇宙物理学的現象について，本質的に正しく理解するには，プラズマという現象を作りだす正負のイオンや電子といったプラズマを構成する基本荷電粒子が，どのように電場や磁場と相互作用するのかについて，まず研究し，理解することから始めるのが，大事なことであろう．

　今述べたようなことを踏まえて，本章では，電子やイオンが単独で，電場や磁場とどのような相互作用の下に運動するのかについて，まず研究することにしよう．

◆ 運動学（Kinematics）

　電場や磁場と，電子やイオンなどの荷電粒子との間には，電気的な力や磁場の存在に起因する相互作用が存在する．電場も磁場も，その働きが方向性を帯びたベクトル量なので，電場による力，つまり，相互作用は，電場の向きに電気力が働く．その力の強さは，電場と荷電粒子の電荷との積により求められる．

　他方，磁場は静止している荷電粒子に対しては，力の作用を生じない．荷電粒子が運動しているときには，この運動の速度により，速度の向きと磁場の向

きとで作る面に垂直な方向に，ローレンツ（Lorentz）力と呼ばれる力が生じる．荷電粒子の運動が，この速度と磁場の強さとの積に比例した電場を生成し，それにより，荷電粒子は，この電場による力の作用の下に運動するのである．

今述べたように，この力は荷電粒子の運動速度に対し垂直に働くので，荷電粒子は，一様な磁場中では，らせん運動を行なうようになる．磁場が方向や強さにおいて空間的に変化しているような場合には，らせん運動から外れて，ドリフト（drift）と呼ばれる運動をするようになる．

ここで，時間的，空間的に変化することがない電場と磁場の強さと向きをそれぞれ E, B と表し（こうした表示がベクトル表示である），荷電粒子の電荷をZe（Zは電荷数），運動の速度を v で表すと，この荷電粒子の運動方程式は，次式のように表される．

$$m\frac{dv}{dt} = Ze(E + v \times B) \tag{2・1}$$

ただし，mはこの荷電粒子の質量，tは時間を示す．今ここで取り上げたような電場と磁場はそれぞれ静電場，静磁場と呼ばれることを注意しておこう．上式の導出に当たっては，電場と磁場の表示に電磁単位系（electromagnetic unit, 略してe.m.u.）を採用している．今後すべて，この単位系を用いていく．

磁場が存在しない場合には，式（2・1）の右辺第2項がないので，この式から直ちにわかるように，電場 E の向きに，荷電粒子は加速されることになる．この式は，特殊相対論から帰結する運動による質量の変化を考慮していないので，この変化を含めて考察する際には，左辺は運動量 mv （$=P$）を用いて，この運動量の変化 $\left(\dfrac{dP}{dt}\right)$ として，取り扱かわねばならない．

特殊相対論の効果を考慮する必要のない比較的エネルギーの低い状態については，式（2・1）に対して，両辺に荷電粒子の速度（v）を，スカラー的に掛けると，右辺第2項は0となり，第1項のみが残る．その結果，次式が導かれる．

$$mv \cdot \frac{dv}{dt} = \frac{d}{dt}\left(\frac{1}{2}mv^2\right) = ZeE \cdot v \tag{2・2}$$

この式で， $\dfrac{1}{2}mv^2$ は荷電粒子の運動エネルギーを与えるから，このエネルギー

の変化の割合は，電場 E により，粒子が右辺に与えられた割合で，加速されることを意味する．

電場 E が静電ポテンシャル（ϕ）により導かれるものであったときには，

$$E = -\text{grad }\phi (= -\nabla\phi)$$

と与えられる．$v = \dfrac{dr}{dt}$（r は粒子の位置ベクトル）と，粒子の位置の変化で速度が与えられるから，

$$E \cdot v = -\text{grad }\phi \cdot \frac{dr}{dt} = -\frac{d\phi}{dr} \cdot \frac{dr}{dt} = -\frac{d\phi}{dt}$$

と導けるので，式（2・2）は，次式で表されるようになる．

$$\frac{1}{2}mv^2 + \phi = 一定 \text{ (Constant)} \tag{2・3}$$

この式は，電場内での荷電粒子の運動における全エネルギーが一定に保存されることを示している．

式（2・1）の右辺について，ここでもう一度取り上げて，荷電粒子の運動特性について考えてみることにしよう．すでに述べたように，右辺第1項は，電場による加速を表し，電場の向きに，この加速が起こることを示している．第2項は，電場の作用がなかったとすると（$E=0$ とした場合），荷電粒子は磁場による力の働きを受けて，らせん運動（旋回運動）を行なう．

このらせん運動の速さは，磁場（B）と運動速度（v）とのなす角度が，例えば，θ であったとすると（図2-1），荷電粒子は磁場ベクトル（B）に対して，磁場に沿う運動の速さは，$v\cos\theta$ となる．他方，磁場ベクトルに対する速度の垂直成分は，$v\sin\theta$ と与えられる．このとき，磁場に垂直な面内で，荷電粒子に働く力の大きさは，$ZevB\sin\theta$ となる．磁場の中で，この力とこの速さで円運動する成分とが釣り合っているとすると，次式が求められる．

$$ZevB\sin\theta = m\frac{v^2}{r} \tag{2・4}$$

この式で，r は，垂直平面内で円運動する荷電粒子の回転半径である（図2-2をみよ）．この式から，半径は，次式のように求まる．

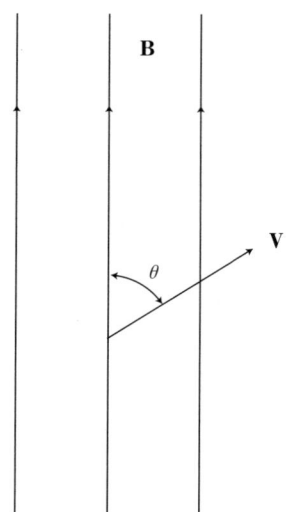

図2-1　磁場内における荷電粒子の運動

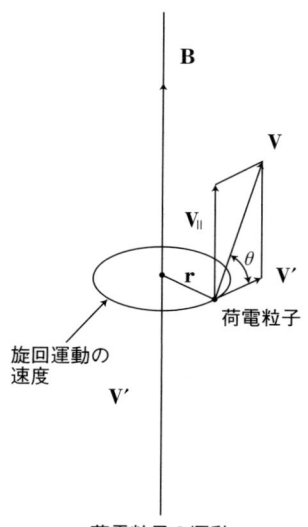

荷電粒子の運動
$\mathbf{V}=$旋回運動の速度$(\mathbf{V}')+$磁場に沿う速度$(\mathbf{V}_{\parallel})$

図2-2　磁場内における荷電粒子の運動は，磁場中での旋回運動と磁場ベクトルに沿う運動とから成る．

$$r = \frac{mv}{ZeB \sin\theta} \qquad (2\cdot 5)$$

磁場に対し，荷電粒子の運動が垂直な場合には，$\sin\theta = 1$ と与えられるから，回転半径は $\frac{mv}{ZeB}(=r)$ と与えられる．この場合には，荷電粒子は回転運動をしながら，電場による力による加速度運動を続けることになる．この運動について，これから研究してみることにしよう．

今ここで，式 (2·1) の右辺の第 1 項と第 2 項の和が 0 となるような特殊な条件が成り立っている場合を考えてみよう．このことは，荷電粒子が加速されることなく運動している場合に当たる．したがって，

$$\boldsymbol{E} + \boldsymbol{v} \times \boldsymbol{B} = 0$$

が成り立つ．この式に，$\boldsymbol{B}$ をベクトル的に掛けてやると，$\boldsymbol{v}$ が下記のように求まる．この $\boldsymbol{v}$ を $\boldsymbol{v}_0$ と記すと，荷電粒子は電場と磁場の両方に垂直の方向に一定に，$\boldsymbol{v}_0$ ですすむことになる．$\boldsymbol{v}_0$ は下記の式で与えられる．

$$\boldsymbol{v}_0 = \frac{\boldsymbol{E} \times \boldsymbol{B}}{B^2} \qquad (2\cdot 6)$$

この速度 $\boldsymbol{v}_0$ は，電場による加速度運動とは別に，一定の速度で，電場と磁場とが働く空間中を，荷電粒子が運動することを表している．このような運動を，ドリフト (drift) と呼ぶのである．

したがって，荷電粒子の運動速度は，このドリフト成分を用いると，

$$\boldsymbol{v} = \boldsymbol{v}_0 + \boldsymbol{\omega} \qquad (2\cdot 7)$$

と表現できることになり，この式を式 (2·1) に代入すると，

$$m\frac{d\boldsymbol{\omega}}{dt} = Ze\boldsymbol{\omega} \times \boldsymbol{B} \qquad (2\cdot 8)$$

と表され，荷電粒子は速度 $\boldsymbol{\omega}$ で，今ここで，磁場と速度 $\boldsymbol{\omega}$ との間の角度を θ で示すと (図 2-2 をみよ)，磁場中にあって，回転半径 (2·5) で，らせん運動することを示す．この場合，式 (2·5) の v は ω と置き換えられる．ω はベクトル $\boldsymbol{\omega}$ の絶対値である．

今みたことが意味するのは，電場と磁場とがともに働いている空間中では，荷電粒子はらせん運動をしながら，ドリフト速度 $\boldsymbol{v}_0$ (式 (2·6) で与えられる) で，

移動していくということである．式（2·6）からわかるように，電場と磁場が，向き，強さともに一定しているならば，ドリフト速度 v_0 は一定で，これら両場のそれぞれに垂直の向きに，荷電粒子が運動していくことがわかる．

　らせん運動の向きや，この運動の半径の大きさは，荷電粒子の電荷と質量によって，大きく異なることが明らかである．正イオンは，磁場の向きに対して左回りに，電子は右回りに運動することは，図2-2におけるらせん運動に示した特性から明らかである．

◆ 地球磁場内の荷電粒子

　地球がその内部起源の磁場を周辺に張りだし，この磁場が，太陽風が地表付近に近づくのをさえ切るように働いていることについては，前章でふれた通りである．この磁場は地球の中心付近に埋めこまれた強力な磁気双極子，言い換えれば，磁気のN極とS極が相接するほど近くに位置する，いわば"寸づまり"の棒磁石から，形式上作りだされると考えれば，おおよその磁場の空間分布については，想像できることであろう．

　この双極子型の磁場が地表から上空に張りだして，地球の磁場を作りだしている．この磁場の数学的な表現に当たっては，南北両極を結んでできる直線に対し，対称に分布する．つまり，軸対称に磁場が形成されていると想定されるのだが，地球半径の10倍ほど離れた空間領域で，太陽風と出会うので，地球磁場の構造は，そこでは双極型から大きく外れた崩れた形状になっている．

　かつて，地球の周辺は完全に真空で，地球から遠く離れた空間にわたって，地球の磁場は双極型の構造をしているものと，想定されていた．そうして，この磁場中へ侵入してくる宇宙線と呼ばれる高エネルギーの荷電粒子が，どのような運動をするのか，詳しく研究された．このいわゆる宇宙線に対する地磁気効果（geomagnetic effect）も，太陽風の存在が明らかとなる1962年以前には，多くの研究者により，精力的に研究された．1950年代の後半に，大学院で研究するようになった著者自身も，当時発表したいくつかの研究論文では，地球の磁場が双極子型であると，何の疑問も抱くことなく想定していた．

　磁場を生みだす双極子の能率（moment）を μ と表し，ベクトル表示をすると，

地球磁場のポテンシャルを ϕ ととったとき，この磁場 B は

$$B = -\operatorname{grad} \phi (= \nabla \phi) \tag{2・9}$$

と与えられる．ϕ は，次式で与えられる．

$$\phi = -\frac{\boldsymbol{\mu} \cdot \boldsymbol{r}}{r^3} = -\frac{\mu \sin \lambda}{r^2} \tag{2・10}$$

この式にでてきた $r(=|r|)$ と λ は，図2-3 に示すように，磁気双極子（μ）からの距離と緯度の大きさに，それぞれ当たっている．したがって，$\sin \lambda = \dfrac{Z}{r}$（Z は図 2-3 をみよ）．

宇宙線に対する地磁気効果（geomagnetic effect）についての理論は，式(2・9)で与えられる磁場 B の作用を受けながら，宇宙線が地球磁場内で，その運動に対し，どのような変調を受けるのかについて研究することを，目的としていた．

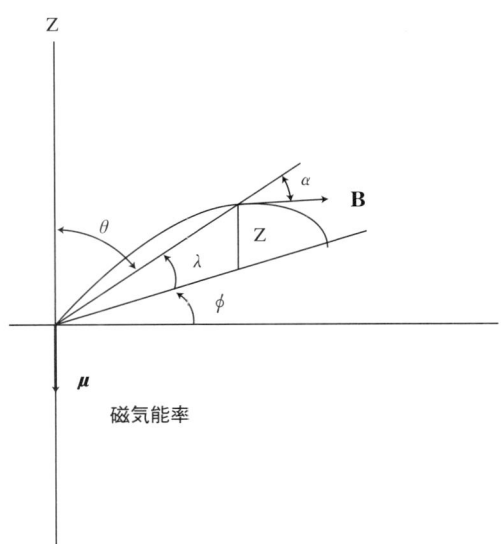

図2-3 地球磁場内における荷電粒子の運動を取り扱う座標系（宇宙線の地磁気効果の研究に用いられた）．

この磁場内における宇宙線の運動を表示する方程式は，式 (2·1) で電場 E を 0 とすれば求められる．この式の B は式 (2·9) で与えられる．宇宙線に対する地磁気効果を研究するための基礎となる式は 2 つで，ひとつは式 (2·9)，もう 1 つは，次式で与えられる．

$$\frac{d\boldsymbol{P}}{dt} = Ze\,(\boldsymbol{v}\times\boldsymbol{B}) \tag{2·11}$$

ここで，$\boldsymbol{P}=m\boldsymbol{v}$ と運動量が与えられるが，質量 m は，$m=m_0\gamma$ (m_0 は静止質量，γ はローレンツ因子 ($\gamma=\dfrac{1}{\sqrt{1-\beta^2}}$，$\beta=\dfrac{v}{c}$：c は光速度) である．Z は宇宙線粒子の電荷数，e は電子電荷の絶対値である．

式 (2·11) に対し，速度 $\boldsymbol{v}$ をスカラー的に掛けると，右辺は 0 となるから，荷電粒子の静磁場内における運動では，粒子加速は起こらないので，当の粒子のエネルギーは保存される．このことは，荷電粒子が地球磁場内を運動するとき，角運動量の保存則が成り立っていることをも意味する．

図 2-4 に示すように，円柱座標を双極子に準拠してとり，この双極子による磁場内を，宇宙線粒子が運動する場合を取り扱う．磁場は先にみたように，仕事をしないので，角運動量が保存されているから，これについて計算により求めると，

$$m\rho^2\omega + Ze\mu\frac{\rho^2}{r^3} = mv\cdot 2gr_s \tag{2·12}$$

がえられる．この式を導くに当たっては，磁場を含む一般化された運動量，$\boldsymbol{P}+Ze\boldsymbol{A}$ を用いると，これの角運動量，$\boldsymbol{r}\times(\boldsymbol{P}+Ze\boldsymbol{A})$ が保存，つまり，一定となるからである．$\boldsymbol{A}$ は磁気ポテンシャルで，$\boldsymbol{B}=\nabla\times\boldsymbol{A}$ が成り立っている．

式 (2·12) に示した結果をみると，$2gr_s$ が積分定数で，これに負号をつけたものが，無限遠の彼方から地球に向かって飛んでくる宇宙線粒子の衝突・パラメーター (impact parameter) ということになる．式 (2·12) の両辺を，mvr_s で割り，時間 t の代わりに r_s を単位として測った距離 $S=\dfrac{vt}{r_s}$ を用いて，変型し，さらに，r_s を $\dfrac{\sqrt{Ze\mu}}{mv}$ を単位として表すと，式 (2·12) は，次式のように変型できる．

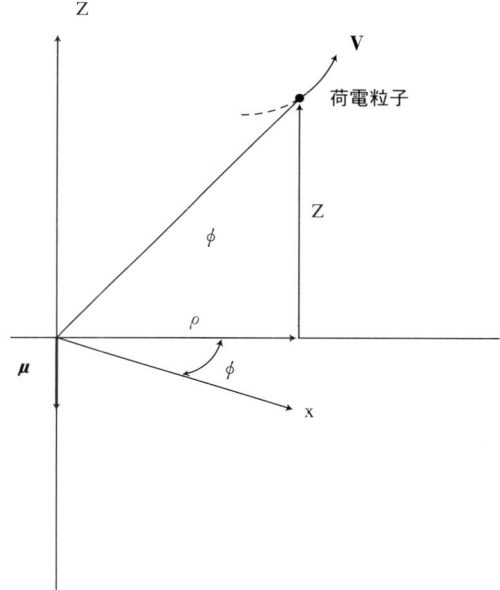

図 2-4　地球磁場内における荷電粒子の運動を取り扱う座標系の1つの例.

$$\rho^2 \omega' + \frac{\rho^2}{r^3} = 2g \tag{2·13}$$

ただし，$\omega' = \left(\dfrac{r_s}{v}\right)\omega$ を用いている．一方，運動速度は一定なので
$v^2 = \rho^2 + Z^2 + \rho^2 \omega^2$ は，
$$\rho'^2 + Z'^2 + \rho^2 \omega'^2 = 1 \tag{2·14}$$
と変型できる．

これら2つの式 (2·13) および (2·14) から，ω' を消去すれば，角速度 ω' で動く子午面内の粒子運動に対する方程式がえられる．

$$\rho'^2 + Z'^2 + \left(\frac{\rho}{r^2} - \frac{2g}{\rho}\right)^2 = 1 \tag{2·15}$$

この式は全エネルギーが1（右辺をみよ），質量が2の粒子の運動を表す式であり $\left(\dfrac{\rho}{r^2}-\dfrac{2g}{\rho}\right)^2$ がポテンシャル・エネルギーに当たるのである．

運動が実際に起こりうる条件は，$\rho'^2+Z'^2\geq 0$ でなければならないから，次式が成り立つ．

$$\left|\dfrac{\rho}{r^2}-\dfrac{2g}{\rho}\right|\leq 1 \tag{2・16}$$

tips

　著者が，大学院で学んでいた当時（1950年代後半）には，太陽風の存在はまだ立証されていなかった．パーカー（E. N. Parker）による太陽風存在を予言する論文は，1958年後半に発表されていたが，この風の存在が実際に確認されたのは，金星探査の目的で打ち上げられたアメリカのマリナー（Mariner）2号によってであり，1962年のことであった．

　このような次第で，著者が発表した最初の論文（1959年）では，当時存在すると考えられていた太陽の双極子磁場が，太陽フレア起源の高エネルギー粒子（太陽宇宙線，solar cosmic rays，と当時呼ばれていた）の軌道運動に対し，どのような影響を生じるかが，計算によって示され，パーカーが予言した太陽風の存在が，これら粒子についての観測事実を説明するのに，必要不可欠であることが示された．この論文は著者にとっては初めてのものだったが，海外の研究者の何人かにより，彼らの研究論文において引用されたのであった．私にとっては忘れられない出来事であった．

　私の2つ目の論文は，地球の双極子磁場内で，宇宙線がどのような振舞いをするかについてのものであった．こちらは大した反響を呼ばなかったが，1959年当時では，惑星間空間は普段は完全に真空で，地球も太陽も，それぞれの中心部にある磁気双極子による磁場が，周囲に広がっているものと想定されていたのであった．

この式から，地球の双極子磁場内の荷電粒子，特に宇宙線の運動について，研究していけることになる．この形式は，荷電粒子の双極子磁場内における運動について詳しく研究したスウェーデンのシュテルマー（C.Störmer）が導いた結果である．詳しくは，シュテルマーによる著書,『The Polar Aurorae』(1955, Oxford Univ. Press) を参照していただくことにして，ここでは，宇宙線の地磁気効果についての理論的取り扱いは導入部分のみの紹介だけにとどめることにしたい．

現在では，図 1-2 に示したように，地球の磁場は双極子型から大きく外れており，宇宙線に対する地磁気効果の理論は，高エネルギー成分に対してのみ，ある程度の有効性を発揮するが，この理論はすでに古典理論へと仲間入りしてしまったと言った方がよいであろう．最近では，地球磁気圏内に広がる磁場の構造を考慮して，荷電粒子の運動をシミュレーション技法に基づいて，研究する手法が開発されて，大きな成果を上げている．

◆ 案内中心（Guiding Center）による取り扱い

(a) ドリフト運動とラーモア運動

静電場と静磁場の 2 つの存在下における荷電粒子の運動方程式 (2·1) の取り扱いで，速度成分を 2 つに分ける工夫を試みた．ひとつは，これら 2 つの場の作用下におけるドリフト速度（v_0）（式 (2·6) に与えられている）と，もう 1 つの運動成分は式 (2·7) に示したような荷電粒子の静磁場内における旋回運動成分（ω）で，これら 2 つから，荷電粒子の運動が形成される．これについては，すでに述べた通りである．

静電場の代わりに，重力場が働いている場合には，荷電粒子の運動方程式は，ZeE を mg（ただし，g は重力加速度）で置き換えればよいから，次式のように与えられる．

$$m\frac{d\boldsymbol{v}}{dt} = m\boldsymbol{g} + Ze[\boldsymbol{v} \times \boldsymbol{B}] \qquad (2·17)$$

したがって，このときの重力場による力（$m\boldsymbol{g}$）の作用によるドリフト速度（v_g）は，

$$\bm{v}_\mathrm{g} = \frac{m}{Ze} \frac{\bm{g} \times \bm{B}}{B^2} \tag{2·18}$$

と与えられる．このとき，荷電粒子の運動は静磁場内における旋回運動と，このドリフトとから成るので，その運動のパターンは，図2-5(a) に示すように与えられる．また，図2-5(b) には，静電場と静磁場の2つの作用下における荷電粒子の運動のパターンを示しておくので，静電場の下での運動が，重力場の下では，どのような変更を受けるか，よくみてほしい．

今，図2-5(a) および図2-5(b) の2つに示したように，荷電粒子は旋回運動とドリフト運動との和が，実際の運動のパターンを与えるので，全体としての運動はどちらもドリフトで与えられる．このドリフトの中心は，荷電粒子の旋回運動の中心に当たっているので，この中心の点は，運動全体のパターンを与えるから，この点はときに案内中心（guiding center）と呼ばれるのである．

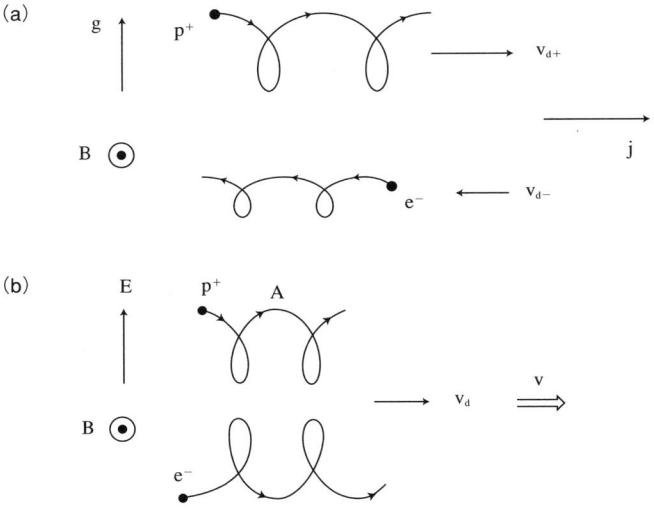

図2-5 (a) 重力場と磁場との作用下における荷電粒子の運動．ドリフト運動と旋回運動との組み合わせで，運動が起こる．
(b) 静電場と静磁場の2つの作用下における荷電粒子の運動

したがって，例えば，重力場と静磁場の2つの作用下における荷電粒子の運動の取り扱いに当たっては，図2-6に示したように，旋回運動ベクトルρと運動の位置ベクトルrの2つに分けて，取り扱うことが可能となる．この場合，案内中心の運動ベクトルRの時間変化により与えられることになる．

このようにして，荷電粒子の運動は

$$r(t) = R(t) + \rho(t) \tag{2・19}$$

で与えられることになる．カッコ内に示したtは時間を表しているから，式中の3つのベクトルはすべて，時間tの関数であることを示している．

案内中心（guiding center）に対し，重力加速度（g），静電場（E）および静磁場（B）の位置rについての近似式は$r=R$の点に対するテイラー展開により求めることができる．このような手続きにより，以下に示すような近似式が求まる．

$$g(r) = g(R) + (\rho \cdot \nabla) g(R) + \cdots$$
$$E(r) = E(R) + (\rho \cdot \nabla) E(R) + \cdots$$
$$B(r) = B(R) + (\rho \cdot \nabla) B(R)$$

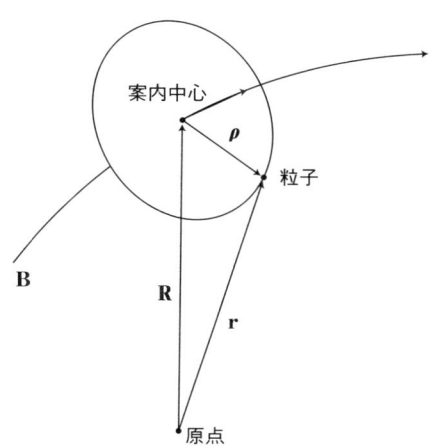

図2-6 磁場内における荷電粒子の運動．案内中心（guiding center）の運動と磁場内における旋回運動とから成る．

これらの式について，展開の第2項までを考慮して，重力場まで含めた下記の式に代入する．

$$m\ddot{r} = mg + ZeE(r) + \dot{r} \times B) \tag{2・20}$$

その結果，

$$m(\ddot{R}+\ddot{\rho}) = m(g(R)+(\rho\cdot\nabla)g(R)) + Ze\{E(R)+(\rho\cdot\nabla)E(R)\} + \cdots$$
$$+ Ze\{(\dot{R}+\dot{\rho})\} \times [B(R)+(\rho\cdot\nabla)B(R)] \tag{2・21}$$

が導かれる．この式を展開して，微小量の2乗以上の項を無視すると，次式に示すような結果がえられる．

$$m(\ddot{R}+\ddot{\rho}) = mg(R) + Ze[E(R)+\dot{R}\times B(R)] + Ze(\rho\cdot\nabla)E(R)$$
$$+ Ze\dot{R}\times[(\rho\cdot\nabla)B(R)] + Ze\{\dot{\rho}\times[(\rho\cdot\nabla)B(R)]\}$$
$$\tag{2・22}$$

この式から，案内中心（guiding center）R の運動についての方程式を求めるために，荷電粒子の旋回時間（ラーモア周期：J. Larmor が初めて扱ったので，この名称がある）について平均すると，$<\rho> = <\ddot{\rho}> = <\dot{\rho}> = 0$（$<\ >$ は平均を表す）ととってよいから，前式は，次式のように，案内中心（R）の運動について簡単化される．

$$m\ddot{R} = mg(R) + Ze[E(R)+\dot{R}\times B(R)] + Ze\{\dot{\rho}\times[(\rho\cdot\nabla)B(R)]\} \tag{2・23}$$

上式中の $\dot{\rho}$ については，電荷粒子の旋回周波数 $\omega_B = \dfrac{ZeB}{m}$ を用いると，

$$\dot{\rho} = \omega_B \rho \times n$$

と置けるから（n については図2-6をみよ），右辺の第3項は

$$(\rho \times n) \times [(\rho \cdot \nabla)B(R)]$$

ととれ，この項の平均は，

$$Ze[\dot{\rho} \times [(\rho\cdot\nabla)B(R)]] = -M\nabla B(R)$$

とおける．この式で M は次式で与えられる．

$$M = \frac{Ze\omega_B}{2\pi} \cdot \pi\rho^2 = JS$$

この式は，荷電粒子の運動から生じる磁気能率（magnetic moment）を表し，図2-7に示すように具象化できる．このMを用いると，案内中心の運動方程式は，

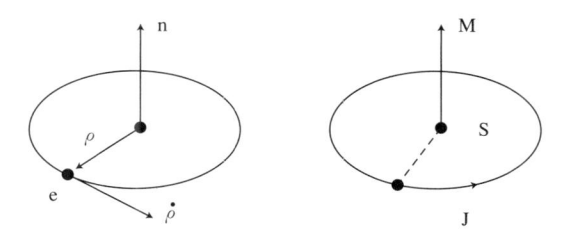

図 2-7 磁場内における荷電粒子の旋回運動（ラーモア軌道とも呼ぶ）．旋回運動の軌道（左）と，運動から生じる磁気能率（M）（右）

最終的に次式のように求められる．

$$m(\ddot{\boldsymbol{R}} - \boldsymbol{g}(\boldsymbol{R})) = Ze[\boldsymbol{E}(\boldsymbol{R}) + \dot{\boldsymbol{R}} \times \boldsymbol{B}(\boldsymbol{R})] - M\nabla B(\boldsymbol{R}) \qquad (2\cdot24)$$

この式の導出に当たっては，2次以上の高次の微小量は無視してある．

(b) 案内中心（guiding center）からみた荷電粒子の運動

磁場を横切って生じる運動であるドリフトに対しては，式（2·24）に磁場に沿う向きの単位ベクトル $\boldsymbol{n}$ をベクトル的に掛けることによりえられる．その結果，次式が求められる．

$$m(\ddot{\boldsymbol{R}} \times \boldsymbol{n} - \boldsymbol{g} \times \boldsymbol{n}) = Ze(\boldsymbol{E} \times \boldsymbol{n}) + ZeB(\dot{\boldsymbol{R}} \times \boldsymbol{n}) \times \boldsymbol{n} + M\boldsymbol{n} \times \nabla B$$

これからさらに，磁場に対する垂直成分が，次のように求められる．

$$\dot{\boldsymbol{R}}_\perp \equiv \boldsymbol{n} \times (\dot{\boldsymbol{R}} \times \boldsymbol{n}) = \frac{\boldsymbol{E} \times \boldsymbol{n}}{B} + \frac{m}{ZeB} \boldsymbol{g} \times \boldsymbol{n} + \frac{M}{ZeB} \boldsymbol{n} \times \nabla B$$
$$- \frac{m}{ZeB}(\ddot{\boldsymbol{R}} \times \boldsymbol{n}) \qquad (2\cdot25)$$

この式中で，右辺第1項は，電場によるドリフト，第2項は重力場によるドリフトである．第3項は初めてでてきたもので，磁場の不均一な空間分布にみられる勾配（gradient）によるドリフトである．また，第4項は，慣性運動によるドリフト（inertial drift）である．

(c) 慣性運動によるドリフト

このドリフトの取り扱いに当たっては，案内中心の加速度 $\ddot{R}$ について知らなくてはならない．この加速度の大きさを求めるには，式（2·17）から，加速度 $\ddot{R}$ を求めなければならない．したがって，次式に示すように，$\ddot{R}$ は計算できる．

$$\ddot{R} = \frac{d\dot{R}}{dt} = \frac{d}{dt}(\dot{R}_\parallel + \dot{R}_\perp) = \frac{d}{dt}\left(v_\parallel n + \frac{E \times n}{B}\right)$$

この式で，

$$\ddot{R} \equiv \frac{d}{dt}(v_\parallel n) = n\frac{dv_\parallel}{dt} + v_\parallel \frac{dn}{dt} \tag{2·26}$$

とおけるから，この第1項はドリフトには寄与しないので，第2項のみを考慮すると

$$v_\parallel \frac{dn}{dt} = v_\parallel^2 (n \cdot \nabla)n = -v_\parallel^2 \left(\frac{e_c}{R_c}\right)$$

ととれる．ただし，ここで e_c は図2-8に示すように，磁場の曲率中心からの単位ベクトルであり，R_c は磁場（磁力線といった方がよいか）の曲率半径を与える．

したがって，磁場の構造による慣性ドリフトは

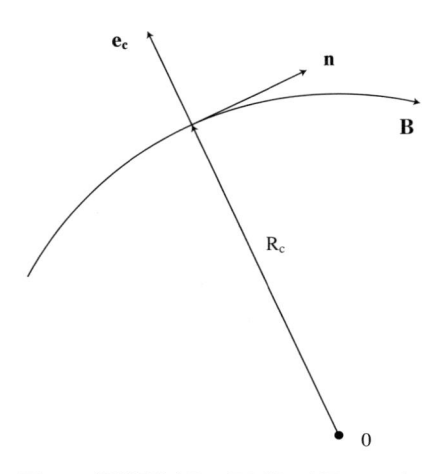

図2-8　慣性運動を取り扱う際の座標のとり方．

$$\dot{R}_\perp = \frac{1}{R_c ZeB} v_\parallel^2 (e \times n) \tag{2.27}$$

となる.

電流は存在しないので（current free condition），次のように表される.

$$\nabla B = \frac{1}{B}(B \cdot \nabla)B = (n \cdot \nabla)B = (n \cdot \nabla)Bn$$

$$= B(n \cdot \nabla)n + n(n \cdot \nabla B)$$
$$= -B\left(\frac{e}{R_c}\right) + n(n \cdot \nabla B)$$

この式の第2項は，傾度ドリフト（gradient drift）には寄与しないので，ドリフト速度は

$$\dot{R}_\perp = \frac{M}{ZeB} n \times (e-B)\frac{e_c}{R_c}) = -\frac{M}{ZeR_c} n \times e_c = \frac{M}{ZeR_c}(e_c \times n) \tag{2.28}$$

となり，最終的には，次式が求められる.

$$\dot{R}_\perp = \frac{1}{R_c \omega_B}(v_\parallel^2 + \frac{1}{2}v_\perp^2)(e_c \times n) \tag{2.29}$$

この結果は，傾度ドリフト（gradient drift）が，磁場の向き（磁力線の向き）と，この磁場の曲率半径と磁場の向きが作る平面に，垂直（$e_c \times n$）の向きに起こることを示している.

地球磁気圏内部の,地球表面近くで,地球磁場が双極子近似で扱える領域では，磁気子午面に対し垂直の方向に，傾度ドリフトが生じ，荷電粒子の運動は地球を取り巻くように起こることが予想される.実際に，ヴァン・アレン放射線帯（van Allen radiation belt）と呼ばれる荷電粒子群は，地球磁場に捕捉されている空間領域で,地球を取り巻いている．これらの粒子群が,このドリフト運動を行なっているのである．この運動のパターンは，図2-9に示すようになっており，磁場の傾度（勾配）と磁場の向き（磁気ベクトル）との両者に垂直の向きに起こることが明らかである.

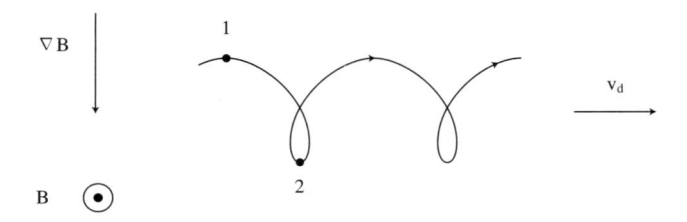

図 2-9 磁場の強さにみられる勾配（gradient）による荷電粒子のドリフト

(d) 断熱不変量（adiabatic invariant）の概念

軸対称の磁場を取り上げても，荷電粒子の運動におけるラーモア半径が，相対的に極めて小さい場合には，一般性を損なう恐れがないので，軸対称の磁場内における荷電粒子の運動を取り上げる．磁束は保存されるので（div$\boldsymbol{B}$=0 ということ），このことを考慮すると，半径 ρ の円を貫く磁束は，次のように与えられる．

$$B \cdot \pi \rho^2 = B\pi \frac{P_\perp^2}{Z^2 e^2 B^2} = \frac{\pi}{Z^2 e^2} \frac{P_\perp^2}{B} = 一定 \text{（const.）} \tag{2・30}$$

この式の導出に当たっては，荷電粒子のラーモア半径を ρ に採用している．

この式から，荷電粒子の運動の向きが，磁場に対し垂直の方向から，運動の向きが角度 θ をなしているとすると，荷電粒子の運動量を P として，

$$P_\perp = P \sin \theta \tag{2・31}$$

が求まる．$\dfrac{P_\perp^2}{B} = 一定$ （2・30）であるから，

$$\frac{\sin^2 \theta}{B} = \text{const} = \frac{\sin^2 \theta_0}{B_0} \tag{2・32}$$

したがって，磁場の構造が，図 2-10 のようになっていたとすると，$\sin^2 \theta = 1$ となる位置にまで，荷電粒子は侵入できるが，その点で跳ね返されることがわかる．この点では，

$$P_\parallel = P \cos \theta = 0$$

となるからである．この点の磁場の強さは，したがって，

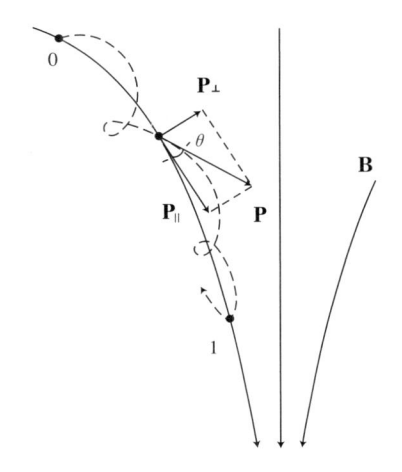

図 2-10 磁場に捕捉されている荷電粒子の運動．第 1 種の断熱不変量を導く概念図

$$B_1 = \frac{B_0}{\sin^2 \theta_0}$$

となることが，式（2·32）から明らかである．

式（2·32）から，$\dfrac{P_\perp^2}{B} = \text{const}$（一定）であることが明らかで，この左辺が断熱不変量（adiabatic constant）なのである．

◆ 電磁放射

よく知られているように，電子やイオンは，その周囲に電場を形成する．その様子は，図 2-11(a) に示すように，電荷を中心に球対称に電場が広がる．これらのイオンや電子が運動している場合には，電流を生じるので，その周囲に磁場を形成する．これらの電場と磁場は，図 2-11(b) に示したように，電子やイオンは，電場と磁場を，その周囲に伴いながら運動をする．

このとき，この運動が一定方向に一定の速さで生じていれば，周囲に形成された電場と磁場には，その構造も周囲に広がる強さの空間分布も不変のままである．だがもし，この運動が急に減速（つまり，負の加速度運動）すると，周囲に形成されていた電場と磁場は，それぞれが慣性運動をしていたので，これ

ら電場と磁場の一部は，瞬間的な運動の方向へと飛び去ってしまう．電磁波の放射が起こったのである．

磁場内を運動する荷電粒子は，すでに学んだように，$Ze[v \times B]$（Ze：電荷，v：速度，B：磁場）と表される力（ローレンツ力と呼ぶ）を受けて，旋回運動を行なう．このことは，旋回運動の回転半径の中心に向かう加速度を生じることになるので，このような運動をする荷電粒子からは，電磁波が放射されることになる．この放射の割合は，電子の場合について，そのエネルギーをWで表すと，

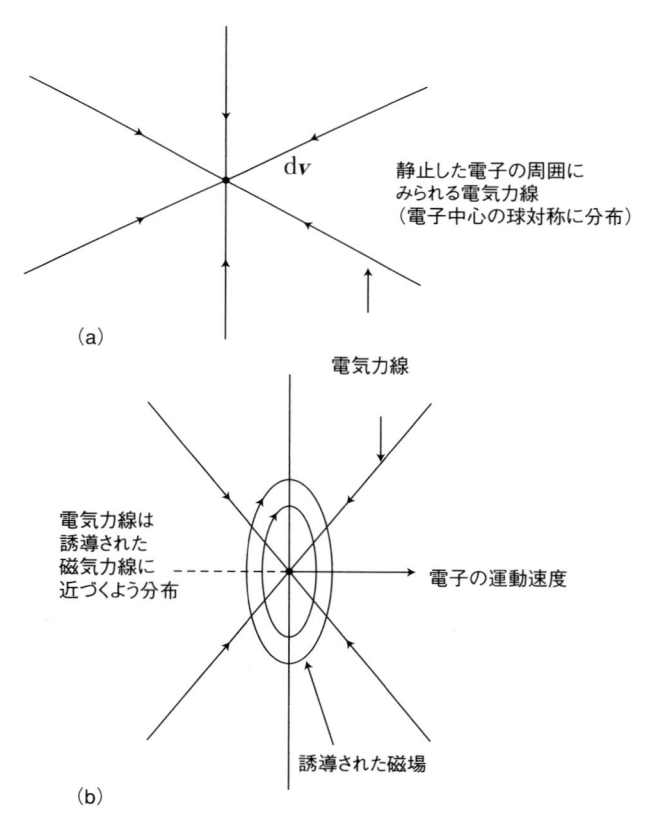

図 2-11 (a) 静止している荷電粒子の周囲に形成されている電場
(b) 運動している荷電粒子の周囲に形成される電場と磁場

$$\frac{dW}{dt} = \frac{e^2}{3c^2} \frac{\left(\frac{d\boldsymbol{v}}{dt}\right)^2 - \frac{\left(\boldsymbol{v} \times \frac{d\boldsymbol{v}}{dt}\right)^2}{c^2}}{\left(1 - \frac{v^2}{c^2}\right)^3} \qquad (2 \cdot 33)$$

と与えられる．磁場ベクトル（言い換えれば，磁力線）の向きに対し，電子が垂直に運動している場合，上式は次のように表される．

$$\frac{dW}{dt} = \frac{e^2}{3c^2} \frac{\left(\frac{d\boldsymbol{v}}{dt}\right)^2}{\left(1 - \frac{v^2}{c^2}\right)^2} \qquad (2 \cdot 34)$$

陽子やイオンの場合には，加速度の変化の割合が，電子に比べて質量比（例えば，陽子対電子）が非常に大きいので，陽子やイオンからの電磁波の放射の効率は極めて小さい．したがって，電磁波の放射については，電子からの寄与だけ考えれば，事実上よいことになる．

磁場内を，その向きに対し垂直に運動する電子の場合には，$\left|\frac{d\boldsymbol{v}}{dt}\right| = \left|\frac{evB}{m}\right|$ の式が成り立つので，式 (2・34) は，$\frac{v}{c} \ll 1$ のときには，次のように表される．

$$\frac{dW}{dt} = \frac{e^2}{3c^3} \frac{e^2 v^2 B^2}{m^2} \qquad (2 \cdot 35)$$

例えば，地球磁気圏内で，地球の高緯度地方に地磁気の乱れに伴って侵入してくる電子群は，オーロラを発生させたりするが，これらの電子群の一部は，地球磁場との相互作用によるらせん運動に伴い，式 (2・35) から予想される電磁波の放射が，しばしば観測されている．オーロラ帯キロメーター波放射 (auroral kilometric radiation, 略して AKR) は，オーロラの発生とともに，高緯度帯でしばしば観測されている．

電子のエネルギーが極めて高く，相対論的効果が無視しえない場合には，シンクロトロン放射 (synchrotron radiation) と呼ばれる強く偏った電磁波が放射される．つまり，太陽フレアに伴って高エネルギーにまで加速された電子や，超新星残骸の内部で加速された高エネルギー電子から放射される電磁波が強く偏っているのが観測されている．その放射のパターンを図 2-12 に示した．ここ

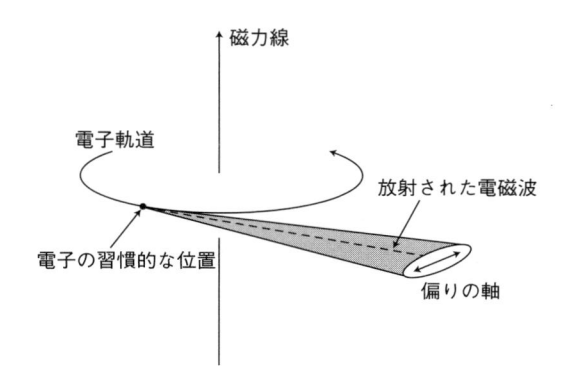

図2-12 シンクロトロン放射の機構．磁力線に対し垂直に運動する高エネルギー電子からの電磁放射のパターン

では，高エネルギー電子が磁場ベクトルに対し，垂直に運動している場合を描いた．放射される電磁波の電場は，磁場ベクトルの向きに垂直に強く偏っているのである．

実際に，かに星雲（Crab Nebula，1054年7月4日に超新星として爆発し，周囲に飛び散った星物質の残骸）からの電波や光は，強く偏っている．太陽フレアに伴って加速された高エネルギー電子が，黒点磁場との相互作用を通じて，放射する広い周波数帯にわたる電波（IV型電波バーストと呼ばれる）も，強く偏っているのである．

超新星残骸から放射される光や，広い周波数帯にわたる電波についての観測結果は，これらの電磁波が強く偏っていることを示すので，シュクロフスキー（I. S. Shklovsky）や，ギンツブルグ（V.L. Ginzburg）は，宇宙線が超新星起源であるとの研究結果を，1950年代半ばに早くも発表していたのであった．

tips 宇宙線の超新星起源論

宇宙線と呼ばれるいろいろな原子核と電子から成る高エネルギー粒子群が，宇宙空間のどこで生成されるのかについては，1950年代前半では，まだ明確となっていなかった．ジョン・シンプソン（J.A. Simpson）教授の

率いたシカゴ大学グループには，宇宙線の太陽起源の可能性を検討している人たちがいた．大学院生として勉強を始めたばかりの著者も，この可能性に関わる研究論文をいくつか勉強していたことを記憶している．

その頃，宇宙線の起源を太陽系外の空間に探す人びとが現れた．1054年7月4日に，おうし座内で発生した超新星爆発の残骸から到来する光と電波の観測から，これら電磁放射が直線的に強く偏っている事実が，明らかにされた．このことから，これらの放射が，高エネルギーにまで加速された相対論的に運動する電子群と，残骸中の磁場との相互作用によるシンクロトロン放射機構により放射されるのだと提唱したのは，当時のソビエト・ロシアの研究者，シュクロフスキー（I.S. Shklovsky）とギンツブルグ（V.L. Ginzburg）の2人であった．

1950年代半ばに提出された，宇宙線の超新星起源論についての彼らの仮説は，超新星の残骸（形から"かに星雲"と名づけられた）から放射される光と電波の偏りの存在に基づいていたのであった．先にふれたように，相対論的なエネルギーにまで加速された電子の存在を示唆していたからであった．

その同じ頃，早川幸男教授は，宇宙線粒子の化学組成と太陽のような種族Iに分類される星々のそれとの比較から，宇宙線の超新星起源論を提唱したのであった．シュクロフスキーとギンツブルグの2人とは，根拠とする観測結果が完全に異なっているけれども，ほとんど同時といってよい時期に，宇宙線の超新星起源論が現れたのであった．このようなことがあって以後，宇宙線の太陽起源論は誰からも顧みられることがなくなってしまった．

太陽宇宙線（solar cosmic rays）と呼ばれた太陽フレアに伴って，加速・生成された陽子をはじめとした種々の原子核から成る高エネルギー粒子群の特性，その他について研究するきっかけは，宇宙線の超新星起源論について勉強することを通じて若かった著者に訪れたのであった．1950年代のことであった．その頃，早川先生から，先生による超新星起源論に関する研究論文の別刷（reprint）を戴いたのだ．とても嬉しかったのを今もよく記憶している．

第3章

プラズマ ― 荷電粒子の集団的取り扱い

第2章で,個々の荷電粒子の静電場,静磁場,それに重力場内における運動と,それから帰結するいくつかの事例について,研究してみた.本章では,電子やイオンの集団が,電場や磁場内でどのような振舞いを示すのかについて,どのように取り扱ったらよいのかを,みていくことにしよう.

電子と正イオンの集団は,もしどちらかの荷電数において卓越するようなことがあると,強い電場を生成するので,周囲から反対の電荷をもつ粒子群を引き寄せて,電気的に中和するように働く.このように,電気的にみて中性の状態を生成している荷電粒子群の集団が,プラズマ(plasma)と呼ばれているのである.

◆ 一般的な性質

(a) デバイ(Debye)距離

電子と正イオン,もし両者の間に電気量の不釣合が生じた場合には,電気ポテンシャルが生じる.実はこのポテンシャルの振舞いが,プラズマの物理的状態を決定することになる.今,正イオンと電子とがともに,気体運動論から予想されるように,マクスウェル・ボルツマン分布(付録1を参照してほしい)にしたがっているとする.このとき,n_i, n_e をそれぞれ正イオンと電子の数とし,それらがこの分布にしたがっているとすると,下記の式が導かれる.

$$n_i \propto \exp\left(-\frac{eV}{kT}\right), \quad n_e \propto \exp\left(\frac{eV}{kT}\right) \qquad (3\cdot1)$$

これら両式において,T はプラズマの温度,V は正イオン,電子が周囲の空間

に作りだした静電ポテンシャルである．これより，n_i と n_e による静電ポテンシャルは，

$$\nabla^2 V = -(n_i - n_e) e \, (= \Delta V) \tag{3·2}$$

に示すように，ポアッソン（Poisson）方程式にしたがうので，式（3·1）から，1次の項だけ取り上げると $(n_i - n_e)e$ は，次式のように求まる．

$$n_i - n_e = -\frac{n_0 eV}{kT}, \tag{3·3}$$

ただし，この式で，n_0 は正イオンと電子の数の和 $(n_i + n_e)$ を表す．それゆえ，式（3·2）は，次のように変型できる．

$$\nabla^2 V = \frac{n_0 eV}{kT}$$

この式において，$\dfrac{kT}{n_0 e^2} = b^2$ とおくと，上式は，次のように表される．

$$\nabla^2 V = -\frac{V}{b^2} \tag{3·4}$$

この式から，プラズマ中の正イオンと電子がそれぞれその周囲に作りだす静電ポテンシャルは，ほぼ b の大きさのところまで，広がっていることを示す．式（3·4）から推測されるように，b は長さの次元をもつ量なのである．

この距離（長さ）は，正イオンと電子とが相互に接近しうるいわゆる至近距離を表し，この距離より離れた空間では，電気的中性が保たれていると考えてよい．この距離はデバイ距離（Debye length）と呼ばれている．この距離より大きいスケール（尺度）で，プラズマを扱う場合には，プラズマが中性を保持しているとして取り扱ってよいことを示しているのである．

(b) プラズマの振舞いを記述する基本方程式

プラズマは一般的には，正イオン，電子，それに電離されていない中性の粒子から成る．しかしながら，宇宙空間に存在するプラズマを取り扱うに当たっては，中性粒子の存在しない完全電離気体（fully ionized gas）について研究し，この気体，つまり，プラズマの振舞いを研究することで，十分なのである．

3章 プラズマ ― 荷電粒子の集団的取り扱い

　プラズマの振舞いを記述する基本方程式は，プラズマ自身が気体なのだから，気体力学の基本方程式が，電磁的な相互作用を含むものとなっていればよい．また，電磁的な相互作用については，電磁場の時間・空間的な変動を記述するマクスウェルの基礎方程式を考慮した形式と両立するように，なっていればよいことが，明らかである．したがって，基本方程式は，以下のように表されるとしてよい．

$$\rho \frac{d\boldsymbol{v}}{dt} = -\nabla \mathrm{P} + \rho \boldsymbol{g} + \boldsymbol{j} \times \boldsymbol{B}, \tag{3・5}$$

ただし，この式に含まれる ρ，$\boldsymbol{v}$，P，$\boldsymbol{g}$ はそれぞれ，単位体積当たりの物質量，その速度，圧力，それに重力加速度である．また，$\boldsymbol{j}$ と $\boldsymbol{B}$ はそれぞれ単位体積当たりの電流密度と磁場である．

　電流密度 $\boldsymbol{j}$ は，磁場 $\boldsymbol{B}$ と，次式によって結ばれている．

$$\nabla \times \boldsymbol{B} = \boldsymbol{j} \tag{3・6}$$

プラズマ内では，電場と磁場の時間変化はともに，あまり大きくないと仮定してよいので，上式では，変位電流（displacement current）の項は，省略されている．その理由は，プラズマ内で生起する電場の時間変動が，極めてゆっくりとした遅いものであると想定されているからである．

　変位電流の概念は，マクスウェル（J.C. Maxwell）が導入したもので，電場の時間変動が磁場を発生させ，この磁場がさらに電場を誘起すること，そのくり返しにより，あたかも電流が生成したかのように，取り扱えることになる．実際には，このくり返しが極めて短い時間内で起こることにより，電磁波の発生と伝播が可能となったのであった．

　また，変位電流が無視しうるような相対的にゆっくりした電場と磁場の時間変化は，研究の対象としているプラズマを物質の3態のひとつの状態，つまり流体（気体も含めて）として扱うことが可能なことから，電磁流体（magneto-fluid，または hydromagnetic fluid）と呼ばれる場合が多い．

　運動しているプラズマ内では，磁場の存在下で電場が誘起されるので，電場と電流との関係は，プラズマの電気伝導度（これについては，後の「輸送現象」の節で取り扱う）を σ とおくと，次式が成り立つ（プラズマ内におけるオーム

の法則).

$$j = \sigma(E + v \times B) \quad (3 \cdot 7)$$

この結果を，マクスウェルの基礎方程式（次式）のひとつ（次節の (3·18a) も参照）に代入すると，式 (3·9) が求められる．このとき，E を誘導される電場と仮定している．

$$\frac{\partial B}{\partial t} = \nabla \times E \quad (3 \cdot 8)$$

式 (3·7) を上式に代入すると，次のような結果が導かれる．

$$\frac{\partial B}{\partial t} = \nabla \times \left(v \times B - \frac{j}{\sigma} \right)$$

$$= \nabla \times (v \times B) - \frac{1}{\sigma} \nabla \times j \quad (3 \cdot 9)$$

この式の右辺第 2 項に，式 (3·6) の j を代入した後に，$\nabla \times (\nabla \times B)$ を展開し，磁束の保存を示す式である，

$$\nabla \cdot B = 0 \quad (3 \cdot 10)$$

を考慮すると，式 (3·9) は，磁場 B の時間変化を記述する式となる．

$$\frac{\partial B}{\partial t} = \nabla \times (v \times B) + \eta \nabla^2 B \quad (3 \cdot 11)$$

ただし，$\eta = \frac{1}{\sigma}$ である．この式の右辺第 1 項は，磁場（ていねいに表現するなら磁束）の運動を表し，第 2 項は，磁場 B がプラズマ内で拡散していく過程を記述している．

もし，磁場が運動していない場合では，$v = 0$ であるから，上式は次のように変型できる．

$$\frac{\partial B}{\partial t} = \eta \nabla^2 B \quad (3 \cdot 12)$$

この式は，磁場についての拡散方程式（diffusion equation）で，η は拡散係数を表す．

プラズマ中における電気伝導率は，後に示すように極めて高いので，電気伝導度 σ が極めて大きいことになるから，η は 0 として，式 (3·11) の右辺第 2

項を無視すると，次式が導かれる．

$$\frac{\partial \boldsymbol{B}}{\partial t} = \nabla \times (\boldsymbol{v} \times \boldsymbol{B}) \tag{3・13}$$

この式の右辺を展開すると，次のように変型できる．

$$\nabla \times (\boldsymbol{v} \times \boldsymbol{B}) = \boldsymbol{v}(\nabla \cdot \boldsymbol{B}) - \boldsymbol{B}(\nabla \cdot \boldsymbol{v}) + (\boldsymbol{B} \cdot \nabla)\boldsymbol{v} - (\boldsymbol{v} \cdot \nabla)\boldsymbol{B}$$

磁場のフラックス（つまり，磁束）は保存されるので，言い換えれば，磁束線は常に閉じているので，$\nabla \cdot \boldsymbol{B} = 0$ が，常に成り立つことから，右辺の第1項は常に0，右辺の第4項を左辺に移項し，オイラー表示にしたがうと，

$$\frac{\partial \boldsymbol{B}}{\partial t} + (\boldsymbol{v} \cdot \nabla)\boldsymbol{B} = \frac{d\boldsymbol{B}}{dt} = \boldsymbol{B}(\nabla \cdot v) + (\boldsymbol{B} \cdot \nabla)\boldsymbol{v} \tag{3・14}$$

という式が導かれる．

ここで，プラズマ密度（ρ）についての連続方程式，つまり，ある単位体積中に流入してくるプラズマの数量が，保存されていることを示す式

$$\begin{aligned}\frac{\partial \rho}{\partial t} + \nabla(\rho \boldsymbol{v}) &= \frac{\partial \rho}{\partial t} + (\nabla \cdot \rho)\boldsymbol{v} + \rho(\nabla \cdot \boldsymbol{v}) \\ &= \frac{d\rho}{dt} + (\nabla \cdot \boldsymbol{v})\rho \\ &= 0\end{aligned} \tag{3・15}$$

を考慮すると，式（3・14）の右辺は，($\nabla \cdot \boldsymbol{v}$) の項を消去することにより，次式が求められる．

$$\frac{d\boldsymbol{B}}{dt} = (\boldsymbol{B} \cdot \nabla)\boldsymbol{v} + \frac{\boldsymbol{B}}{\rho}\frac{d\rho}{dt} \tag{3・16}$$

さらに，式（3・16）は，次のような形に書き換えられる．この結果は，さらに下記のような式に表される．

$$\frac{d}{dt}\left(\frac{\boldsymbol{B}}{\rho}\right) = \left[\left(\frac{\boldsymbol{B}}{\rho}\right) \cdot \nabla\right]\boldsymbol{v} \tag{3・17}$$

この式は，$\frac{\boldsymbol{B}}{\rho}$ という物理量が，プラズマの運動速度 $\boldsymbol{v}$ で移動していくこと．すなわち，$\frac{\boldsymbol{B}}{\rho}$ という物理量が保存されることを意味する．式（3・17）が，プ

ラズマ物理学において重要な意味をもつことについては，次章で詳しく述べる（「アルフヴェンの定理」の節参照）．

◆ プラズマの挙動と電磁場

完全電離の状態にあるプラズマは，正負両イオン，電子といった荷電粒子から成り，正負の電荷量が等しく，電気的に中性に維持されている．これら粒子の運動は電流を生じ，さらに電流の周囲には磁場を誘起するので，プラズマの挙動について考察するには，電場や磁場の役割を考慮しなければならない．

このことは，電場・磁場，電荷・電流と荷電粒子の運動に関わる電磁場に関するマクスウェルの基礎方程式を考慮しなければならないことを意味している．

電磁場に関するマクスウェルの基礎方程式は，以下に示すように，4つの式から成る．

$$\frac{\partial \boldsymbol{B}}{\partial t} = \nabla \times \boldsymbol{E}, \quad \nabla \cdot \boldsymbol{B} = 0 \qquad (3\cdot18\text{a, b})$$

$$\nabla \times \boldsymbol{B} = \boldsymbol{j} + \frac{\partial \boldsymbol{E}}{\partial t}, \quad \nabla \cdot \boldsymbol{E} = \rho_e \qquad (3\cdot19\text{a, b})$$

これらの4つの式において，式（3・19a）にでてきている右辺の第2項（変位電流を表す）は，プラズマの運動における時間変化の割合が小さいので，プラズマの挙動において，電磁波との相互作用などについて考察する場合以外では，無視して差支えない（実際に，この本ではすでにこうした取り扱いを，式（3・6）でしている）．

プラズマの挙動に関わる運動方程式は，式（3・5）にすでに示してある．この式に現れる運動の速度（v）が，電場や磁場の作用の下にいかに変化するか，その結果，どうなるかが次の研究課題となるのである．また，プラズマの運動が，磁場と時間的，空間的な変化をもたらすことから，太陽や地球のように磁気を生みだす機構の働いている天体が，どのような仕組みで磁気を生みだし，それを維持していくのかも，重要な研究課題となっている．天体が生みだす磁場が，いかなる機構によるのかは，現在でも未解決のままに残されている．こんなわけで，宇宙物理学上のいわば最も重要な研究課題である，と言ってよいであろう．

プラズマ内では，式（3・7）に示したように，電流（j）が，電場（$E+v\times B$）により正イオン（完全電離を仮定し，負イオンは存在しないと仮定する）および電子の運動が誘起され，形成される．今，プラズマ中で，重力による力が，電場と磁場の働きによる力に比べて小さいとして，式（3・5）で重力場による力を無視すると，次の式が導かれる．

$$\rho\frac{dv}{dt}=-\nabla P+j\times B \tag{3・20}$$

上式と，式（3・16）の2つが，磁場とプラズマの運動とを記述する基本の式となるのである．

式（3・20）で，jについて式（3・6）を用いると，

$$j\times B=(\nabla\times B)\times B=-\frac{1}{2}\nabla(B^2)+(B\cdot\nabla)B$$

が求められる．

ここで，$\dfrac{d}{dt}=0$，言い換えれば，静的な場合には，式（3・20）は，次のようになる．

$$-\nabla P-\frac{1}{2}\nabla B^2=(B\cdot\nabla)B$$

故に，

$$-\nabla\left(P+\frac{1}{2}B^2\right)=(B\cdot\nabla)B \tag{3・21}$$

という等式が成り立つ．この式は，左辺がプラズマによるガス圧と磁場のエネルギーによる力との和が，磁場ベクトルの方向に働く磁場による張力と等しくなり，互いに釣り合っていることを示している．

太陽面上にしばしば発生する黒点に伴う磁場は，太陽コロナ中にまで，光球から伸び広がっているが，式（3・21）から推測されるような構造を示すものと，現在考えられている．式（3・20）と式（3・9）の2つで，プラズマの運動と磁場の構造の変動の両者を取り扱うことができるのである．

式（3・9）に入ってくる速度場（v）のモードが，もしわかっていたならば，これから磁場の時間的，空間的な変動が，どのようなものであればよいかを，

決められる．例えば，太陽の一般磁場が，時間的，空間的にみて，どのような過程により形成されるのか，決定できることになる．このようにして，太陽の磁場の起源を探る試みが，ダイナモ（Dynamo）理論と呼ばれるのである．この問題については，次章であらためて考察することにしよう．

◆ 輸送現象

本書では，プラズマが1種の正イオンと電子とから成り，これら2つの正負の電気量が全体で等しく，つまり，電気的にみて中性になっていると仮定してきた．この節であらためて，正イオンと電子について，その運動方程式を取り上げ，これら2つの方程式から式（3・5）が導けることを，まず示すことにする．その上で，正イオンと電子とが作りだす電流について考え，プラズマの挙動における輸送方程式を導き，プラズマ中の電流がどのように流れるかについて，いかに取り扱うのか，これから考察をすすめることにする．

電荷を Ze，質量を m_i，粒子密度を n_i としたとき（ただし，電子の場合は，$Z=-1$ とする），次式が導かれる．

$$n_i m_i \left(\frac{\partial \boldsymbol{v}_i}{\partial t} + (\boldsymbol{v}_i \cdot \nabla) \boldsymbol{v}_i \right) = n_i Ze (\boldsymbol{E} + \boldsymbol{v}_i \times \boldsymbol{B}) - n_i m_i \nabla \phi - \nabla \cdot \boldsymbol{P}_i + \boldsymbol{P}_{ie}$$

$$(i=1, 2) \qquad\qquad\qquad\qquad\qquad\qquad (3 \cdot 22)$$

上式において，$i=1$ が正イオン，$i=2$ が電子を表示するとする．この式で ϕ は重力ポテンシャル（$-\nabla \phi = \boldsymbol{g}$ である）．$\boldsymbol{P}_i$ は圧力テンソルで，電子とイオン間の体積要素（volume element）内での，相互衝突による運動量の移動がもたらす張力についての物理量である．右辺第4項の $\boldsymbol{P}_{ie}$ は，電子と正イオンとの衝突による単位体積，単位時間内における運動量の移動を表すとする．

式（3・22）において，微小体積を δV ととり，個々の粒子の速度を平均すると，それは，

$$\boldsymbol{v}_i = \frac{1}{n_i \delta V} \sum \boldsymbol{\omega}_i \qquad\qquad\qquad (3 \cdot 23)$$

と表されることになる．この $\boldsymbol{v}_i$ が，式（3・22）で示された速度である．

式（3・5）を，式（3・23）から導くには，次のような表現形式を V，$\boldsymbol{j}$，それ

に ρ について用いなければならない.

$$V = \frac{1}{\rho}(n_1 m_1 \boldsymbol{V}_1 + n_2 m_2 \boldsymbol{V}_2) \tag{3.24}$$

$$\boldsymbol{j} = e(n_1 Z \boldsymbol{V}_1 - n_2 \boldsymbol{V}_2) \tag{3.25}$$

および

$$\rho = n_1 m_1 + n_2 m_2 \tag{3.26}$$

これらの表示式を用いて,正イオンと電子とから成るプラズマ全体の運動方程式を求めると,式 (3・5) に示した結果が,必然的に導かれる.すなわち,

$$\rho \frac{d\boldsymbol{v}}{dt} = -\nabla P - \rho\nabla\phi + \boldsymbol{j}\times\boldsymbol{B} \tag{3.5}'$$

次に,正イオンについての式 (i=1 とする) から,電子についての式 (i=2) を引き算すると,次式が求められる.

$$\frac{m_1 m_2}{Ze\rho}\frac{\partial \boldsymbol{j}}{\partial t} = \boldsymbol{E} + \boldsymbol{v}\times\boldsymbol{B} - \eta\boldsymbol{j}$$
$$+ \frac{1}{Ze\rho}(m_1\nabla P_2 - Zm_2\nabla P_1 - (m_1 - Zm_2)\boldsymbol{j}\times\boldsymbol{B}) \tag{3.27}$$

この式において,$\boldsymbol{P}_{ie} = \eta_e n_2 \boldsymbol{j}$ という関係を用いている.このとき,マクスウェルの方程式 (3・19b) は,次のように表される.(この式を導くに当たっては,スピッツァー (Spitzer, 1961) を参考にしたことを,ここで付け加えておきたい).

$$\nabla\cdot\boldsymbol{E} = e(Zn_1 - n_2) \tag{3.19b}'$$

正イオン1種と電子とから成るプラズマの巨視的,言い換えれば,全体としての平均的な運動と,それに関わる取り扱いでは,先程求めた3つの式, (3・5)′, (3・27),それに (3・19b)′ を用いることにより,記述がなされることになる.ここでは,電流 $\boldsymbol{j}$ が,プラズマの振舞いを定常的とした場合に,どのように取り扱えるかだけに注目し,眺めてみることにしよう.このとき,2つの式 (3・5)′ と (3・27) に含まれている時間微分の項,$\rho\dfrac{d\boldsymbol{v}}{dt}$ と $\dfrac{d\boldsymbol{j}}{dt}$ の2つを無視してよいので,これら両式から,次に示す2つの式が導かれる.

$$-\nabla P = -\rho\nabla\phi + \boldsymbol{j}\times\boldsymbol{B} \tag{3.28}$$

$$E + v \times B = \eta j + \frac{1}{n_2 e}(\nabla P_1 + \rho \nabla \phi) \tag{3・29}$$

上式 (3・29) を導くに当たっては，式 (3・27) に含まれている $j \times B$ の項を消去するために，式 (3・5)' の $j \times B$ の項を，式 (3・27) に代入しているので，式 (3・29) に，重力場に対する項（右辺の第2項）がでてくるのである．

ここで，プラズマの電気伝導度 $\sigma(=\frac{1}{\eta})$ が大きいことと，重力場の働きが小さいとして無視すると，磁場（ベクトル量）に対し垂直の方向への電流と，プラズマの巨視的（マクロ）な運動速度の2つが求められる．このように，プラズマ中では，磁場の向きに垂直な方向への運動もあることがわかる．電流とプラズマ全体の運動の磁場の向きに対する垂直成分を求めると，それらをそれぞれ $j_\perp$，$V_\perp$ と表したとき，次に示す2式が求まる．

$$j_\perp = \frac{B \times \nabla P}{B^2} \tag{3・30}$$

$$V_\perp = \frac{B}{B^2} \times (-E + \frac{1}{en_2} \nabla P_1) \tag{3・31}$$

式 (3・31) については，すでに電場の存在によるドリフトを扱った際に導いたことがあるが，この式からわかるように，プラズマ中の正イオンの圧力も，磁場に対する垂直成分がある場合には，ドリフト運動が生ずる．これについてみると，圧力勾配の存在は，プラズマ中に異方性が存在することから帰結するドリフト運動なのだということになる．

磁場の向きに沿ったプラズマ中の電流は，式 (3・29) から，その成分を $j_\parallel$ と表すと，次式が求められる．

$$\eta j_\parallel = E_\parallel - \frac{1}{n_2 e}(\nabla P_1 + \rho \nabla \phi)_\parallel \tag{3・32}$$

したがって，プラズマ内の全電流 j は，$j_\parallel + j_\perp (=j)$ で与えられる．

$$\therefore j = j_\parallel + j_\perp = \frac{1}{\eta}\left[E_\parallel - \frac{1}{n_2 e}(\nabla P_1 + \rho \nabla \phi)\right] + \frac{B \times \nabla P}{B^2} \tag{3・33}$$

$\eta = \frac{1}{\sigma}$ であるから，上式の右辺第1項は，電流と電圧との関係を表すオーム (Ohm) の法則に当たることがわかる．しかしながら，プラズマ内の電気伝導

度は非常に大きいので，右辺第1項の電場と圧力勾配によるみかけの電場の和は，ほとんど0となっているものと考えられる．

電気伝導度 σ の運動学的な計算による導出には，プラズマ中の正イオンや，電子の間に生ずる相互の衝突に対する微視的（ミクロ）な取り扱いが必要となる．理論的な計算によると，結果だけを引用することにするが，σ はプラズマの温度 T の $\frac{3}{2}$ 乗に比例するので，プラズマは気体がイオン化（電離）された状態にあることを考慮すると，この温度が極めて高い．このことから，電気伝導度 σ は無限大と仮定しても，理論的な取り扱いに，支障がほとんど生じないとしてよいことが，明らかなのである．

太陽の中心部のように，1000万度（K）を超える場合や，100万 K もの高温の太陽コロナ中では，電気伝導度を無限大だと仮定して，これらの場所の物理状態を取り扱うことには，十分な妥当性が認められるのである．

この節では，輸送現象のひとつである電気伝導に関する話題だけを取り上げて，研究してみた．

tips 超新星 1987a からのニュートリノ

天の川銀河のある方向に突然，この銀河全体の明るさか，またそれ以上の明るさで，天体が輝きはじめことがある．これが星の新たな誕生を示す証拠だとされて，超新星（supernova）と，名づけられたのであった．当時，知られていた新星（nova）現象に比べ，非常に明るいことから，超（super）がつけられたのであった．

肉眼で観察された超新星は1604年，へびつかい座に出現したのが，ケプラー（J. Kepler）によって記録されている．その前は，1572年に観測されたが，それはカシオペヤ座に発生したもので，ティコ・ブラーエ（T. Brahe）が記録している．

ケプラーによって観察されて以後，400年近くたった1987年2月23日に，肉眼で見える超新星が発見された．天の川銀河外にあって，地球から16万光年離れた大マゼラン雲（LMG）内に，この超新星は発生したのであった．

幸いなことに，超新星爆発を起こした星についての観測データがあり，この星は青白い超巨星で，太陽の 20 倍ほどの質量をもっていた．

この超巨星の爆発に伴い，星の内部で創生された電子ニュートリノ（ν_e）は，数は少なかったが，地球にも届き検出されている．これにより，超新星爆発の機構に関する研究結果の正しかったことも，明らかとなっている．

この超新星は，1987 年に発生が観測された最初の超新星だったので"1987a"と命名されている．超新星爆発に伴って，外部空間に放出された電子ニュートリノが，初めて直接観測されたことでも有名である．このニュートリノの観測は，東京大学宇宙線研究所の附置観測施設であるカミオカンデ（Kamio Kande）と，アメリカのカリフォルニア大学アーヴァイン校，ミシガン大学とブラウン大学の 3 者による協同観測施設 IMB によってなされている．

第4章

磁化プラズマの挙動

　磁化プラズマ（magnetized plasma）という表現は，外部から加えられた磁場に浸されたプラズマのことを意味しており，また，しばしば電磁流体（magneto-fluid，または，hydromagnetic fluid）とも呼び慣わされている．本章では，外部から加えられた磁場の中で，プラズマが流体として，どのような挙動を行なうのかを中心に，プラズマの運動とそれから帰結する大事なプラズマの性質について，研究することを試みる．その際，磁化プラズマ中で起こる磁場とプラズマとの相互作用についての，いくつかの重要な基本定理について，まず考察することにしよう．

　その上で，宇宙物理学上，最も重要だとしばしば指摘されてきている問題の1つである，太陽や地球をはじめとした諸天体がもつ磁場がいかにして生まれ，成長し，今日みられるような構造になっているのかについて，現在の研究状況にふれながら，考えてみることにしたい．

　磁化プラズマの運動が，宇宙空間を飛び交っている宇宙線（cosmic rays）と呼ばれる高エネルギーの諸種の原子核や電子の加速に関わっているとのアイデアが，1949年にフェルミ（E. Fermi）によって提案された．これで，磁化プラズマによる宇宙線の起源についての研究に果たす役割が，初めて示唆され，実際に，宇宙線の加速機構として考察されたのであった．この問題については，次章で，詳細に研究することにする．

　また，磁化プラズマの挙動に関わって，過去になされた重要な研究結果について，それぞれ独立した定理として定式化し，宇宙プラズマ物理学に限るだけでなく，プラズマ物理学全体との関わりについても考慮していくことにする．

磁化プラズマが時間的，空間的に，いかに振舞うかについて研究するために必要な基本の方程式は，第3章まででですでに示した．それらから帰結するいくつかの大切な事項については，それらを参照しつつ考察をすすめていくように予定している．

◆ アルフヴェンの定理

スウェーデンの王立研究所（Royal Institute of Technology）の教授であったアルフヴェン（H. Alfvén, スウェーデン語での読みは，アルヴェーン）は，宇宙プラズマ物理学とその研究における創始者の一人として，今後もずっと多くの人びとの心の中に記憶されていくことであろう．

アルフヴェンの定理については，式（3・17）を導く際にすでにふれている．だがここで，あらためて，アルフヴェンの定理として，プラズマの運動に伴って，プラズマ中の磁場が，その運動に凍結（frozen-in）されて，プラズマの運動の速度と同じ速度で移動していくことを示す．つまり，プラズマによる磁場の凍結原理（frozen-in principle）が，実は，アルフヴェンの定理なのである．

tips

本書の著者である私は，一度だけすぐ近くで，アルフヴェンから想い出話を聞く幸運に恵まれた．今でも，そのときにみせたアルフヴェン教授の風貌が，目をつむると鮮やかに蘇ってくる．忘れられないのは，アルフヴェン波の存在を予言した仕事（後章参照）に対し，多くの人から，「そんなものはない，ナンセンスだ」と直接面と向かって言われたときの想い出を，語ったときの表情である．

アルフヴェンとともに忘れられないのは，もう一人の巨人，シドニー・チャプマン（S. Chapman）である．チャプマンは，1961年9月に，京都で開かれた「宇宙線と地球嵐（Cosmic Rays and Earth Storms）」，と題した国際会議における，冒頭講演のために来日された．幸運というべきか，約3週間にわたって，京大医学部の芝蘭会館で，同じ部屋で寝起きし，チャプマン教授の手助けをしたのだった（P.138参照）．

だが，その際に忘れてはならないのは，プラズマの電気伝導度が，無限大だと仮定してよい場合に限られるということである．電気伝導度が有限で，かなり小さい場合には，この物理量に関わって生じる拡散現象が起こり，磁場はプラズマの運動からスリップするような形で遅くなり，その運動とともに輸送されていくようにはならないのである．言い換えれば，アルフヴェンの定理は，電気伝導度の低い気体や流体の内部では，成り立たないのである．

前章の最終節「輸送現象」で，プラズマの運動に伴う磁場の輸送についてふれた．その際に磁場は，プラズマの電気伝導性が非常に高く，磁場の拡散過程を無視してよい場合には，磁場はプラズマに凍結（frozen-in）して，プラズマの運動速度で，プラズマとともに，移動していくという性質を示すことを証明した．その数学的な表現形式が，式（3·17）でなされているのである．再録すると，

$$\frac{d}{dt}\left(\frac{B}{\rho}\right) = \left[\left(\frac{B}{\rho}\right) \cdot \nabla\right] v \tag{3·17}'$$

この式では，プラズマの密度と，凍結されている磁場との間には密接な関係があり，$\left(\frac{B}{\rho}\right)$ がプラズマの運動において保存されること，言い換えると，プラズマに磁場が凍結（frozen-in）されて輸送されていくことが，理論的に示されている．

この結果は，プラズマの電気伝導度が極めて高く，式（3·11）において，右辺第2項が無視しうること（$\eta=0$）を考慮すれば，この式は次式のように書き表される．すなわち，

$$\frac{\partial B}{\partial t} = \nabla \times (v \times B) \tag{4·1}$$

式（4·1）は乱流理論における渦糸（ω：current vortex, $\omega = \nabla \times v$ と表される）の保存式と，形式的には全く同じで，この渦糸に対応する磁場 B が，プラズマの運動（v）に凍結（frozen-in）されて移動していくことを表している．$\frac{\partial \omega}{\partial t} = \nabla \times (v \times \omega)$ は，渦糸が流体の運動速度で，移動していくことを示しているのである）．

前章の「輸送現象」の節で示したように，プラズマ運動が卓越しており，磁

気による力を十分に無視しうるほどに大きければ，プラズマ中の磁場は，プラズマの運動とともに移動していくことを示している．先にみた渦糸の保存と対応して考えてみるならば，磁場の強さが，プラズマの運動によらず，不変に保存されていることを，式（4・1）は意味しているのである．だが，実際には，$\eta=0$ と仮定できるような事例はありえないので，磁場の拡散が生じ，磁場は散逸していく性質を示すのである．

本章では後に，太陽や地球における磁場の起源を説明するのに，妥当なアイデアであると現在考えられているダイナモ作用（dynamo action）について考察するが，その際に，式（3・11）の右辺第2項（$\eta\nabla^2 B$）による磁場の拡散に伴う散逸について，いかに取り扱うかが，重要な問題として浮かび上がってくるのである．この問題については，節をあらためて考察することにする．

◆ カウリングの定理

太陽や地球をはじめとして，多くの天体が，それぞれに固有な磁場をもっている．私たちの祖先は，遠い古代ギリシャの時代からすでに，地球が巨大な磁石としての働きを示すことについて，知っていたのだった．私たちも子どものときから，何の疑問も抱かずに，地球が磁気作用を示すことを学んでおり，登山などに用いる小さな磁石，言い換えれば，磁力計の実用的な使い方について，馴れ親しんできているのである．

太陽が巨大な磁石としての働きを示すことは，20世紀に入って間もなくの1908年に，太陽研究の先駆者（pioneer）として知られるジョージ・ヘール（G.E. Hale）により，太陽の光球面に出現する黒点群に，強い磁場が伴っていることから明らかにされた．ヘールによる先駆的な仕事の後，アメリカのウィルソン山天文台で，太陽研究に大きな業績を上げたバブコック父子（H.W. and H.D. Babcock）により，太陽が南北の両極地方に弱い磁場をもち，その極性が南北で反対になっていること，この極性の分布が，黒点群が示す磁場にみられる特性と，因果的に密接に関わっていることなどから，太陽の磁気が，どのような周期的変動をしているかが解き明かされた．その結果，現在では太陽活動（solar activity）にいかに因果的に関わっているかまで，明らかにされてしまっている．

また，バブコック父子は，太陽の南北両極地方に広がる1ガウス（Gauss）程度の弱い磁場が，両極地方において約11年ごとに，その極性が逆転している事実を発見した．この逆転は，太陽光球面上の中低緯度帯に形成される黒点群の示す磁場の特性が，11年ほどの周期で同じように逆転する性質と，因果的に関わっていることも明らかにした．

　このような磁場の極性分布にみられる一種の法則性が，どのような機構により生じるのかについて，ひとつのダイナモ・モデル（dynamo model）も，彼らは示したのであった．ダイナモ作用とは，ある種の発電機構が働くことで，これにより生じた電流がさらに磁場を生みだし，この磁場の時間変化が，次に電場を発生させ，この電場が電流を生みだすというふうに時間的に推移する．結局は，最初に存在していた磁場に加算される形（フィードバック，feed-backという）で，磁場を再生，かつ強化することにより，磁場を維持する機構である．ずいぶんとおおまかな言い方だが，これが天体磁場の起源を説明するためのダイナモ機構（dynamo mechanism）なのである．

　バブコック父子は，太陽磁場の起源についてのモデルを，1つ提案した．このモデルは後に，レイトン（R. Leighton）により数学的な表現を与えられ，バブコック・レイトン・モデル（Babcock-Leighton Model）と呼ばれるようになった．このモデルについては，「ダイナモ作用―天体磁場の起源」の節で，詳しく説明するつもりである．彼らの仕事とは独立に，量子理論の発展に寄与したエルザッサー（W.M. Elsasser）は，地球磁場の起源について，ダイナモ機構に基づく理論を，早くも1945年に，バブコック父子に先行して提出している．

　太陽の両極地方に出現する磁場が，多くの黒点群の示す強い磁場と，因果的に関わっていることは，バブコック父子よりもずっと早い時期に，初期の量子理論の研究に名前を残しているラーモア（J. Larmor）が考察している（1912）．彼は，太陽の自転軸を中心に対称的に形成される磁場が，太陽の両極地方に観測される磁場に対応するのだとするモデルを提案したのだった．この磁場の構造は，自転軸に対し対称となるような形状をとる，いわゆる軸対称磁場であった．だが，このような構造を示す磁場は，安定に存在していられず，実際には，維持しえないことが，早くも1934年に，カウリング（T.G. Cowling）により，

理論的に示されたのであった．つまり，彼は自転軸に対称な磁場は安定に維持しえないことを証明してしまったのであった．現在，この磁場の維持機構が，理論的に不可能であることの証明を，カウリングの定理と呼んでいるのである．

その簡明な証明のために，まず，図4-1に示すような軸対称の磁場を取り上げることにする．この図には，ひとつの子午面内の磁場について，磁力線がどのような構造を，この対称軸（これは，自転軸と一致）に対し，とれるかが示されている．このような形状の磁場を生みだすには，2つの点，OとO′とを円状に結んで円環状に流れる電流が存在しなければならない．この電流（j）により，$\nabla \times B = j$ で表される誘導の機構により，磁場が生成される．したがって，この電流は静電場により誘起されるのではないことが明らかで，このような機構は存在しえないのである．また2つの点，OとO′では，当然のことながら，磁場は存在しない．このOとO′を結ぶ円環状に流れる電流jを維持するのに不可欠の静電場は誘起されないし，実際に，このような静電場は存在しえない．

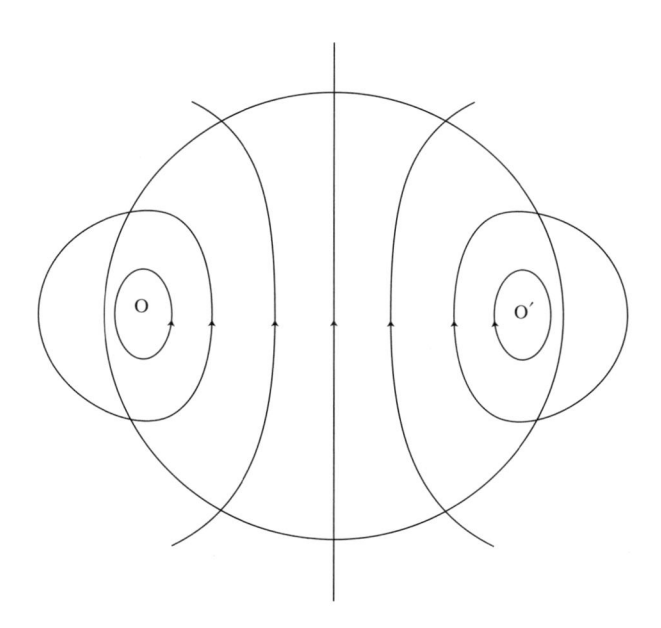

図 4-1　軸対称に広がる磁場が示す1つの特性．磁場に対し，中性点（O，O′）が形成される．

このことは，軸対称の磁場が実現しえないことを示している．カウリングは，軸対称の磁場を生みだすような，プラズマの軸対称性を示す運動がありえない，つまり，不可能であることを示したのであった．

それゆえに，軸対称の磁場を生みだすようなプラズマの運動に，対称性を想定することは不可能なのである．太陽や地球に磁場を生成させるダイナモ作用に関わるプラズマの運動に，軸対称のものを適用することが，不可能なのであることを，カウリングの定理は示しているのである．後に，ダイナモ理論について考察するが，その際に，フェラーロの定理にふれながら，天体の内部対流における差動回転（differential rotation）と，この運動に関わって誘起される磁場に生ずる効果（α 効果）が，重要な役割を果たすことにふれる．この効果は，星の内部対流を生みだすプラズマの運動における非対称性により生まれるのである．このようなことを考慮しながら，次に，フェラーロの定理について考察することにしよう．

◆ フェラーロの定理

太陽の表面，その大気層の一番内側は，光球（photosphere）として知られているが，この光輝く円板としてみえる光の球が，光球そのものである．この光球面上に，黒いアバタのようにみえる斑点状を示すものが，しばしば発生するが，これらが黒点（sunspot）である．黒点やその群が，光球面に時折発生するのが発見されたのは，17 世紀初めのことで，この発見には，ガリレオ（G. Galilei），シャイナー（R. Scheiner），それにハリオット（T. Harriot）が関わっている．

黒点群の発生する頻度は，時間的に一定しているわけではなく，約 11 年の周期で増減をくり返していることが，18 世紀に入って，ルドルフ・ウォルフ（R. Wolf）により発見さた．その増減の周期が，黒点群がもつ強い磁場の南北両極性の分布と因果的に関わっている事実は，20 世紀に入ってから，ヘール（G.E. Hale）ほかの人びとによる精力的な観測とその観測結果の解析とから明らかにされた．

黒点群は「太陽の光球面上を東から西に向かって」，つまり私たち北半球に住

む人たちから見て,右手のある側へと徐々に移動していくのである.この事実は,17世紀初めにガリレオによって発見されており,太陽が自転していること,その一周の周期がおよそ29日であることが,明らかにされていった.

詳しい観測によると,太陽の自転の速さは,その自転の角速度(Ω)でみたとき,一定していないで,太陽光球面上の緯度に深く関わっていることが示されている.だが,現在では,太陽面上の緯度に対する依存の度合は,太陽活動,言い換えれば,黒点群の発生頻度と因果的に深く関わっていることが,明らかとなっている.黒点の発生がほとんど起こらない,いわゆる太陽活動の極小期には,自転速度が速くなり,また,緯度に対する依存の度合も小さくなり,少しばかりだが,剛体的に自転する傾向を示すようになる.

黒点群の発生頻度が高く,黒点群が光球面にいくつもみられるような太陽活動の極大期には,自転の速さが遅くなる傾向を示す.このように,太陽の自転速度は太陽活動の活発さによって変わっていき,この速度の大きさは,経験的に,次式のように表されることがわかっている.自転の角速度をΩ(マイクロ・ラディアン毎秒,μ rad/s)ととると,次式のように表される.

$$\Omega = A + B\sin^2\phi + C\sin^4\phi \tag{4・2}$$

この式の中で,A,B,Cの3つは定数だが,A以外のBとCは負(マイナス)であり,ϕは太陽光球面上の赤道から測った緯度である.

先にふれたように,BとCは負(マイナス)の大きさであるから,緯度とともに,自転の角速度(Ω)は小さくなっていくことがわかる.このような自転の特徴を,差動回転(differential rotation)と呼び慣わしている.この自転にみられる特徴が,太陽の南北両極地方に観測される1ガウス(Gauss)ほどの弱い磁場と,黒点群に観測される磁場の数千ガウスにも達する強さとの間に,因果的なつながりがあることを示唆する.実際には,これら2つの磁場の起源が,太陽光球の直下に広がる対流層(convective layer)に観測されるプラズマの流れ,いわゆる対流のパターンと,密接に関係していることが,明らかにされている.

太陽の光球面上空から,外部のコロナ中に伸びて広がる磁力線が,太陽の自転といかに因果的に関わるかについては,フェラーロ(V.C. Ferraro)による

重要な研究結果がある．彼は，太陽のように，磁場をもつ天体が自転している場合に，その磁場（磁力線）と自転との間に，本質的に重要な関係が必然的に成り立っていることを，理論的に明らかにしたのであった．この関係は，等回転（isorotation）の原理と呼ばれるように，例えば，1本の磁力線が同じ角速度で回転することを示しており，「フェラーロの定理」としても知られている．

　ここで，その内部に起因する磁場をもった太陽のような，天体を取り上げてみよう．先にみたように，太陽は差動回転をしているが，光球面から外部へと伸びて広がる磁場が作りあげる磁力線の運動を，それがどのような特性を示すのかについて，これから考察する．

　太陽を構成する大気にあっては，光球では中性粒子が圧倒的に多く，完全電離とは言えないが，電気伝導度σは極めて高いので，式（3・7）の右辺第2項（電気伝導度の逆数がかかった表示）を無視してもよい．その上で，磁場が定常的に維持されていると仮定すると，$\frac{\partial \boldsymbol{B}}{\partial t}=0$とおけるから，次の等式が成り立つ．

$$\nabla \times (\boldsymbol{v} \times \boldsymbol{B}) = 0 \tag{4・3}$$

ここで，太陽にみられる差動回転のように，経度方向の運動だけを取り上げて，その際の磁場（磁力線）が，どのような運動を，この経度方向にみられる太陽本体の運動に関わって行なうのか考えてみよう．

　図4-2に示すように，天体の中心を原点とした円筒座標を用いて，磁場ベクトル，言い換えれば，磁力線が子午面内にあるとし，この面に対し直角方向（つまり，経度方向）に，天体を構成するプラズマの運動があると仮定する．このとき，プラズマの運動は，次のようにとれる．

$$\boldsymbol{v} = \omega r \boldsymbol{e}_\phi \tag{4・4}$$

この式で，ωとrはそれぞれ自転角速度，この角速度をとる点までの自転軸からの距離である．また，単位ベクトル$\boldsymbol{e}_\phi$は経度の向きを指し示すベクトルである．

　磁場$\boldsymbol{B}$は，次式のように表される．このとき，図4-2に示したように，$\boldsymbol{e}_r$，$\boldsymbol{e}_z$はそれぞれ円筒座標における2つの単位ベクトルである．

$$\boldsymbol{B} = B_r \boldsymbol{e}_r + B_\phi \boldsymbol{e}_\phi + B_z \boldsymbol{e}_z \tag{4・5}$$

この磁場に対し，自転方向については，磁場が変化しないこと，言い換えれば，

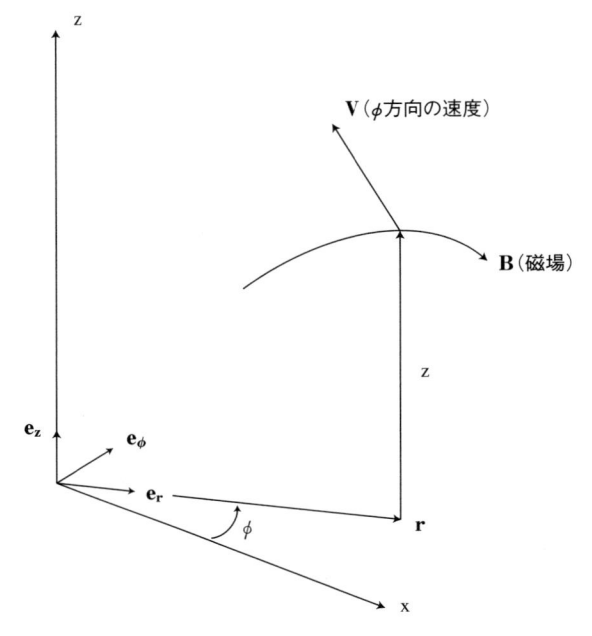

($\mathbf{e}_r, \mathbf{e}_\phi, \mathbf{e}_z$) 極座標の単位ベクトル

図 4-2　荷電粒子の運動を取り扱う座標系のとり方の 1 例.

tips

　著者が，フェラーロの名前を知ったのは，1931 年以後，チャプマンとともに，磁気嵐 (geomagnetic storm) に関する理論について，シリーズとなって発表されたいくつかの論文を読むことを通じてであった．太陽から電離(イオン化)してはいるものの電気的に中性な気体（今でいう，プラズマ）が，太陽面上で発生するフレア (flare) に伴って放出され，それが地球の周辺に広がる地球磁場と出会い，この磁場に強い乱れ，つまり，磁気嵐を起こすのだ，という理論が，チャプマンとフェラーロの 2 人により，こんなに早い時期に提出されていたのであった．

経度方向，つまり，e_ϕ の方向成分は0であることが，明らかである．したがって，式（4·3）に対し，計算を行なうと，次式が求められる．

$$\nabla \times (\boldsymbol{v} \times \boldsymbol{B}) = \boldsymbol{e}_\phi \left\{ \frac{\partial}{\partial z}(\omega r B_z) + \frac{\partial}{\partial r}(\omega r B_r) \right\} \tag{4·6}$$

この式の右辺に対し，各項の微分を行なうと，$\frac{\partial \omega}{\partial r} = 0$ であることを考慮すれば，次式が導かれる．

$$\nabla \times (\boldsymbol{v} \times \boldsymbol{B}) = \boldsymbol{e}_\phi \{\omega r \nabla \cdot \boldsymbol{B} + r(\boldsymbol{B} \cdot \nabla)\omega\}$$

ここで，$\nabla \cdot \boldsymbol{B} = 0$（式（3·18b）を参照）であることを考慮すると，上式は次式のように書ける．

$$\nabla \times (\boldsymbol{v} \times \boldsymbol{B}) = \boldsymbol{e}_\phi \{r(\boldsymbol{B} \cdot \nabla)\omega\} \tag{4·7}$$

この式から，すでに仮定しているように，左辺は0なので，当然次式が帰結する．

$$(\boldsymbol{B} \cdot \nabla)\omega = 0 \tag{4·8}$$

式（4·8）で与えられる結果は，磁場に沿った方向の角速度の変化はない．言い換えれば，定常状態においては，角速度（ω）は磁場ベクトル，つまり，磁力線に沿って不変に保持されることを示している．この結果が，フェラーロの定理，もう少し詳しく言うならば，磁場の共回転（co-rotation）に対するフェラーロの定理なのである．

この定理は，太陽の光球面に観測されているような，差動回転の存在下では，経度方向の磁場（トロイダル磁場，toroidal magnetic field）が，この回転によって誘発されることを示唆していたのである．この差動回転のパターンが，太陽や地球のように，内部起源の磁場を発生させるのである．

◆ **ダイナモ作用—天体磁場の起源**

図4-1に示したような磁場の強さが0（ゼロ）となっている特異点をもたない軸対称の磁場が，存在していたと想定してみよう．例えば，図4-3に示したような磁場が，ある子午面内に存在し，これと同じ形の磁場が，経度方向に全く同じ形状をとりながら，広がっていたとしよう．このような磁場分布を示す天体にあって，経度方向に，太陽に対して知られているように，自転角速度が緯度によって異なっている場合を，取り上げてみよう．

このとき，すでにみたように，磁場はプラズマに凍結（frozen-in）して運動するので，赤道が最も速く自転している太陽のような場合には，磁場は自転によって，図4-4に示したような変化を受ける．図には1本の磁力線が，模式的に示してあるが，この磁力線は大きく変型してしまう．このように，プラズマの運動に伴って，経度方向の磁場成分が作りだされることになるのである．この経度方向の磁場は，トロイダル（toroidal）な磁場と呼ばれている．このような呼び名に対し，図4-3に示したような元々の磁場は，ポロイダル（poloidal）な磁場と呼ばれている．

　図4-4に示したような経度方向の流れが，トロイダル型の磁場を生みだす効果は，自転の角速度 Ω を用いて，"Ω 効果"（Ω-effect）と呼ばれている．この

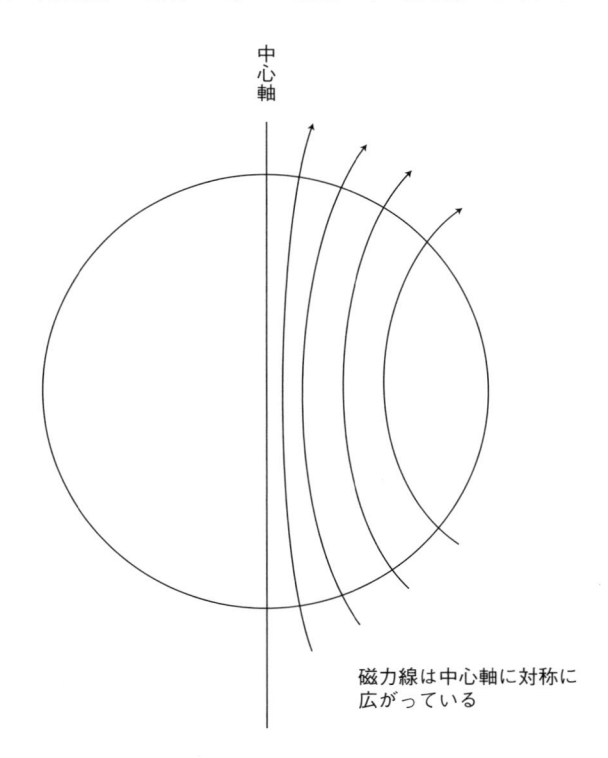

中心軸

磁力線は中心軸に対称に
広がっている

図4-3　ある子午面内における磁力線分布の1例．星の回転対称軸の周囲に対称に磁場が形成されている場合．

効果により，天体が何回転も運動をくり返した結果，強力なトロイダル磁場が形成されることになる．太陽の光球面上に出現する黒点群の磁場が，一般に南北両極の磁性を対になるような形を示す．全体の磁場については，南北極のそれぞれの磁場のフラックスが等しくなっているのは，光球面直下に形成されたトロイダル磁場が，図 4-5 に示したように，光球面上に姿を現したからなのだ，として説明されている．

太陽の自転速度は式（4・2）に示したように，太陽の赤道から離れるにつれて，言い換えれば，緯度が高くなるにしたがって，この速度は遅くなっていく．したがって，図 4-4 に示した結果から明らかなように，長い時間を経過した後には，トロイダル型の磁場の強さは極めて大きいものとなるのだと推測される．実際に，太陽面上に形成される黒点群の磁場は，図 4-5 に模式的に示したように形成されるので，非常に強く数千ガウスにも達するのである．

よく知られているように，太陽の光球面に現れる，黒点群や個々の黒点の両

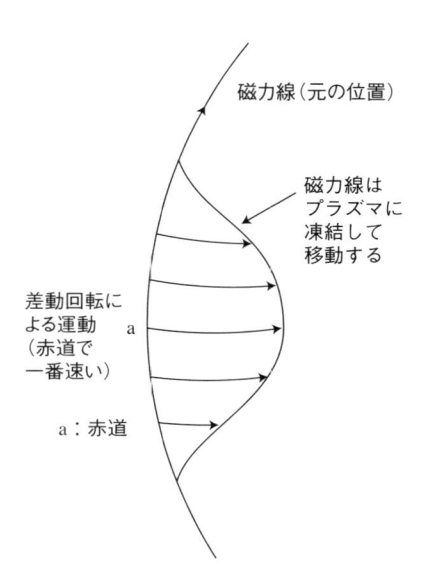

図 4-4 磁場を横切るプラズマの運動についての 1 つの例．非均一的な回転運動により，磁場のパターンが変化する．（Ω効果である）

者の数の総和は，毎日変化している．だが，例えば，1年ごとの総和についてみると，約11年の周期で増減をくり返していることがわかる．こうした増減をグラフに表してみると，図4-6に示すようになっている．極大値の大きさには，割と大きな変動がみられるが，増減の周期は，先に示したように，ほぼ11年なのである．

17世紀半ばから18世紀初めにかけての70年ほどの期間は，黒点がほとんど現れないいわゆる"無黒点期"であった．この期間は，地球の気候が寒冷化しており，農作物の不作やペストなどの疾病が蔓延し，世界的な規模で，当時の人びとは，日々の生活に事欠くほど，苦しんだ時代であった．このような異変が，なぜ太陽活動に出現するのかについての成因は，今もって，明らかにされていない．

先に図4-6に示したように，黒点群や個々の黒点の発生にみられる増減は，これら黒点群の示す磁場の極性分布にみられる変化と，実は密接に因果的に関

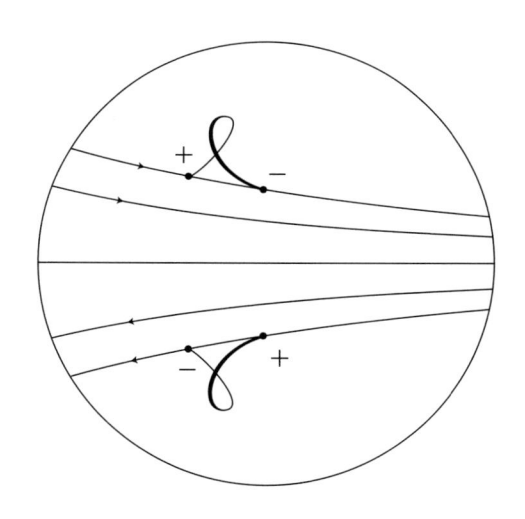

+，−の記号　黒点の対にみられる磁気極性
双極型の黒点形成（概念図）

図4-5　磁化プラズマ内に発生する対流により，磁力線が変形される．磁気ダイナモにおける"α効果"が生じる（図4-8をみよ）．

わっていることが，太陽研究の上で大きな業績を上げたヘールにより見出された．約11年の周期で変化する太陽面上の黒点群や個々の黒点の数の総和は，現在，太陽活動（solar activity）の指標（index）に用いられており，約11年にわたる期間を，太陽活動の周期（solar activity cycle）と呼んでいるのである．

この約11年の周期を通じて，黒点群に広がる磁場が示す極性の分布のパターンは，保持されるが，次の活動周期に入ると，この分布のパターンは逆転するのである．このようなわけで，黒点群にみられる磁場の極性分布のパターンの変化は，約22年の周期で回帰することになる．このような黒点群にみられる磁場の極性分布のパターンに関わる特性は，発見者であるヘールに因んで，ヘールの極性法則（Hale's polarity law）と呼ばれている（図4-7）．

図4-5でみたように，黒点群が形成される機構は，太陽の内部に形成されたトロイダル磁場の一部が，光球面上に現れることによるのだとすると，太陽の南北両半球で，黒点群が示す極性の分布パターンは，自ずから逆になっているはずだ．したがって，図4-7に示すような結果が導かれるのは，当然予想されるところであった．

だが，太陽活動の1つの周期が終わり，次の周期に入ると，図4-7にみたよ

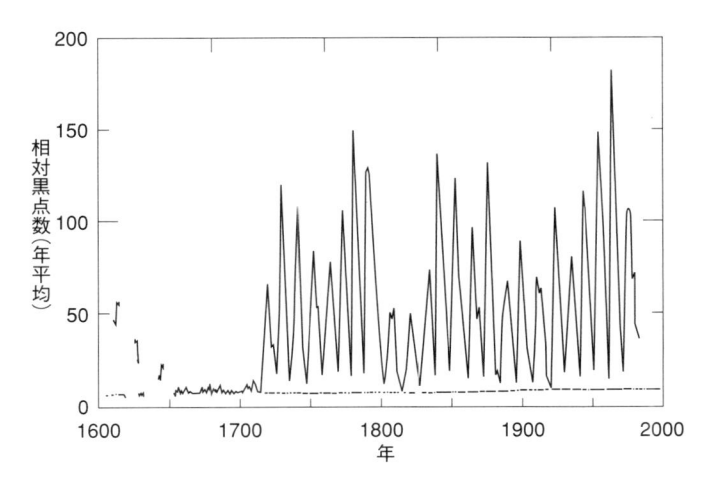

図4-6　太陽黒点相対数の年平均値の時間的推移．1600年頃から以後，現在に至るまでの年平均値が示されている．

(a) 黒点のN極S極

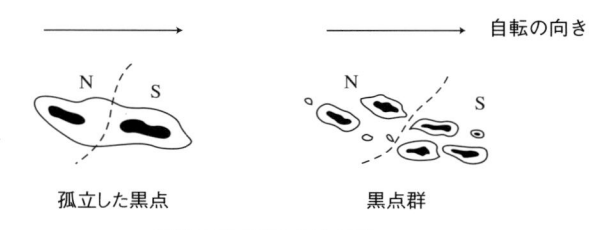

孤立した黒点　　　　黒点群
（光球の北半球における例）

黒点および黒点群の中で，約半分がN極，約半分がS極となり，両者が釣り合っている．

(b) サイクルが変わるとN極とS極が入れ替わる

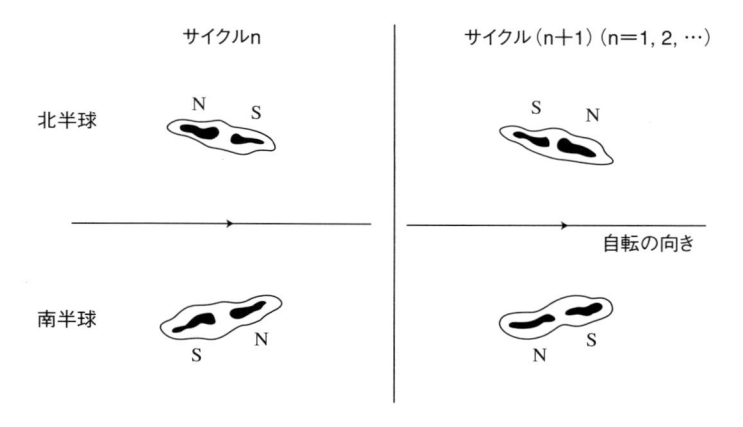

サイクルn　　　　　　サイクル(n+1) (n=1, 2, …)

北半球

南半球

自転の向き

太陽活動周期（サイクル）が変わると
黒点の磁極特性（N極とS極）が入れ替わる．

図4-7　太陽光球面上の，黒点群にみられる磁場の極性分布．太陽活動サイクル（周期）のスタートに伴って，その前のサイクルと極性分布は逆転する（ヘールの法則）．

tips　ヘールと太陽と

　ヘール（G.E. Hale）は，太陽の光球面に出現する黒点群が強い磁気を帯びていることを，1908年に発見した．その後も詳しい観測を続け，太陽活動周期に伴って，黒点群に伴う磁気の極性が変化していき，活動の極小期を境に逆転することを明らかにした（ヘールの極性法則）．

　彼が学んだのは，現在，アメリカで有数の高等教育機関であるマサチューセッツ工科大学（MIT）で，名称から明らかなように，技術教育専門学校（institute）なのであった．当時，この学校は，出来の悪い生徒たちが学ぶ教育機関であった．

　MIT で学んだのち，生まれた故郷のシカゴへ戻るのだが，アマチュアとして天文観測を続け，シカゴ大学付属のヤーキス天文台に奉転，そこに口径40インチの大望遠鏡（屈折式）を設置，観測と研究を行った．この望遠鏡は屈折式としては，現在でも世界最大である．

　現在のように，MIT を高い評価を受ける教育機関としたのは，ノーバード・ウィーナー（N. Wiener）ほかによる努力があったといわれている．彼はサイバネティックス（Cybernetics）の創始者なのである．

　ヘールは太陽磁気研究に従事しながら，将来に大口径の天体望遠鏡の時代が到来することを予見し，自分が学んだ MIT と同様の教育機関を，アメリカ西部に建設することに尽力した．自らも教授として1904年に移住，新設のカリフォルニア工科大学（Caltech）に赴任，まずウィルソン山天文台の設置に努め，口径100インチの反射式大望遠鏡を建設した．さらに1930年には新たに，パロマ山天文台建設の事業を興し，こちらには200インチ口径の反射式大望遠鏡の建設を構想し，事業を開始した．財政的な支援は，カーネギー財団からなされたのであった．

　彼はこの事業の完成をみることなく，1938年にこの世を去ったのだが，1948年に完成した．その後，ウィルソン山，パロマ山両天文台は，あらためてヘール天文台（Hale observatories）と呼ばれることになった．現在，この名称は使われていないが，ヘールの見通しの正しかったことは，ハッブ

> ル（E. Hubble）による膨張宇宙に関する観測結果，星々に２つの種族のあること，さらには，パルサーの発見と同定ほか，天文学史上，忘れることのできない大きな業績を生み出していることから明らかである．
>
> 　太陽磁気の研究については，バブコック父子による太陽ダイナモ・モデルの提出や，ボブ・ハワード（R.B. Howard）による太陽の自転パターンと太陽活動との因果的なつながりについての観測結果などがある．バブコック・レイトンのモデルも，ウィルソン山天文台における太陽磁気に関する観測結果の解析に基づいているのである．
>
> 　最後にひと言，「Astrophysics」（宇宙物理学）という学術用語は19世紀終わりに，ヘールによって作られた．重力を中心とした天文学から，光を中心とした天文学へと移行するのだという見通しの下に，工夫されたのであった．

うに，黒点群が示す磁気の極性分布は逆転している．この事実は，図4-5に示した機構のみにより，黒点群が形成されるのだとすると，こうした逆転がなぜ起こるのかは，説明できないのである．この逆転を説明するために考えだされたのが，太陽内部上層部に広がる対流層内に形成されているトロイダル磁場に生じる"α効果"（alpha-effect），と名づけられた対流層内の動径方向への対流に伴うプラズマの流出である．

　この流出により，凍結されているトロイダル磁場が，この流出に伴って生じたコリオリの力により，図4-8に示したように，中緯度帯からさらに高緯度帯で発生したα効果を生みだす．その上で，高緯度側に広がる磁場が，光球面付近の緯度方向に起こる対流によって，さらに高緯度帯へと輸送されていき，元々あった磁場と融合されて，ついには磁場の極性が太陽の両極地方で逆転してしまうのである．このようなα効果の働きを考慮した太陽の磁場の全体的な長期変動の様相は，図4-9に示したように移り変わり，太陽の両極地方に広がる磁場の極性が逆転してしまうのである．

　また，この逆転をひき起こした磁場は，太陽の子午面内部で南北につながり，元々のポロイダル磁場ベクトルの向きと逆向きのものが，形成されてしまうことになる．このような機構を考えだした研究者の名前を用いて，すでにふれて

4章 磁化プラズマの挙動 | 67

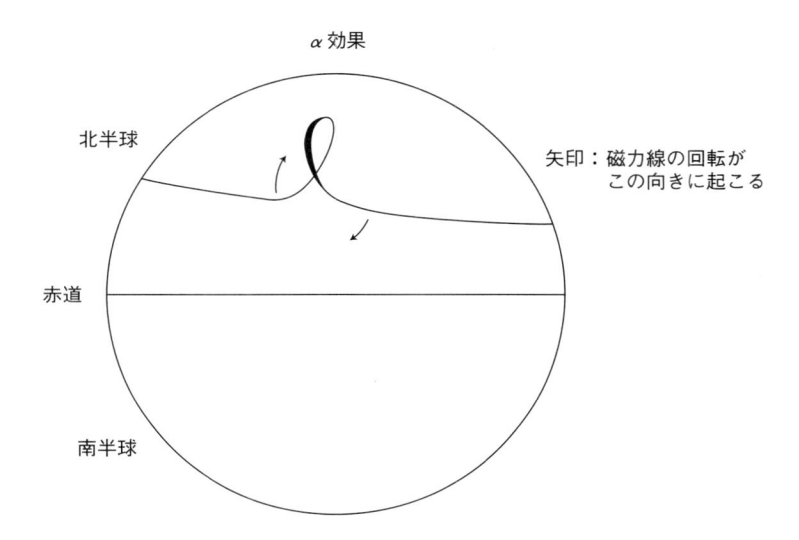

α効果

北半球

矢印：磁力線の回転が
この向きに起こる

赤道

南半球

磁力線の一部が，上昇してきたとき，コリオリの力により
矢印で示したような回転が生じる．(南半球では逆となる)

図 4-8　黒点群の磁場にみられる極性法則（図 4-7）は，α効果（図 4-5）により，極性分布が逆転することから生まれる．

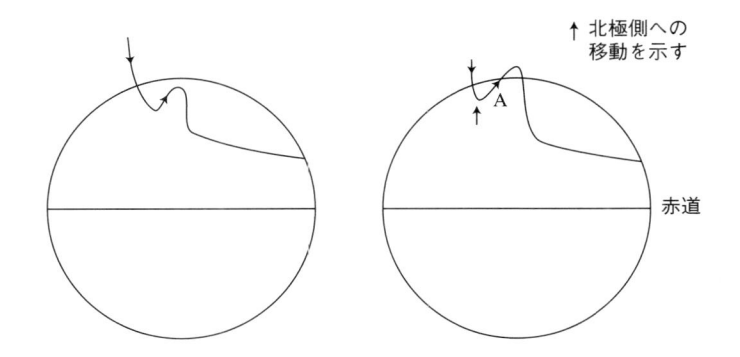

↑ 北極側への
　 移動を示す

A

赤道

逆向きの磁力線（Aで示す）が，北極側へと移動し
元々の磁場の極性を消滅させ，ついには極性の
逆転が生じる
（α効果が繰り返し発生し，極性を逆転させる）

図 4-9a

太陽ダイナモ機構の概要と黒点磁場

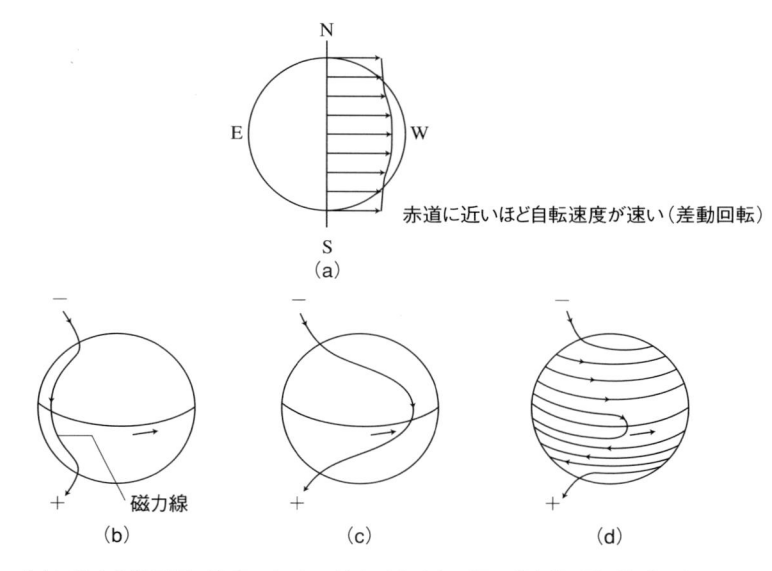

赤道に近いほど自転速度が速い（差動回転）
(a)

磁力線
(b)　(c)　(d)

(a)に示す差動回転の速度のちがいが(b),(c),(d)の順に磁力線を引き伸ばし,強さを増加させていく.

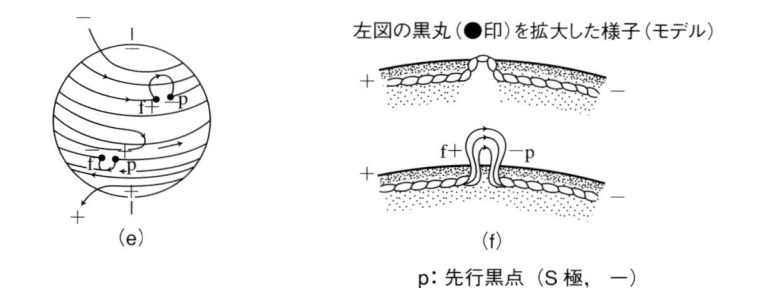

左図の黒丸（●印）を拡大した様子（モデル）

(e)　(f)

p：先行黒点（S極，－）
f：後行黒点（N極，＋）

太陽内部の外向きの対流によって磁力線が光球面上に持ち出され(e),ロープ状となった磁力線が黒点を形成(f)する.

図 4-9b

図 4-9　極性法則の説明の試み．太陽内部の対流層内の対流にみられる運動のパターンとそれによる磁力線の輸送に伴う変化（アルフヴェンの定理が考慮されている）．

いるように，バブコック・レイトン・モデル（Babcock-Leighton Model）としばしば呼ばれているのである．

このように太陽にみられるような磁場をもつ天体の内部，特に，対流層内でどのようなことが起こっているのかについて，その磁場の起源を説明するための試みが，ダイナモ（Dynamo）理論と呼ばれている．このアイディアが，天体磁場の成因を考える上で，現在，最も重要であるとされているのである．プラズマに凍結された磁場の運動が，どのように起こるのかについては，理論的な表現形式を，私たちはすでに学んでいることを想起したい．

この表現形式の1つが，プラズマが磁場と重力の作用下で，いかに運動するかに関わった表現で，それは式（3・5）で与えられている．また，これとつながる磁場の時間的，空間的な変動に対しては，式（3・11）により与えられている．これら2つの式が基本で，これら2式に対し，4つの式（3・18a, b），（3・19a, b）から成るマクスウェルの基礎方程式と，プラズマの流れの質量保存に関わる式（3・15）が，ダイナモの作用について理論的に研究する際の基本的武器となる．特に，磁場 B に対しては，今みたように，式（3・11）が基本で，ここでもう一度，この式を示すと，次式のようなものであった．

$$\frac{\partial B}{\partial t} = \nabla \times (v \times B) + \eta \nabla^2 B \qquad (3\cdot 11)'$$

この表式中の磁場 B が，定常に維持されるのだとすると，左辺の時間微分は 0 でなければならないから，ダイナモ作用が定常的に維持されるためには，この作用に関わる磁場は以下のように表される．

$$\nabla \times (v \times B) + \eta \nabla^2 B = 0 \qquad (4\cdot 9)$$

この式の第1項に含まれる速度 v は，式（3・5）に含まれている速度 v である．この速度 v が，どのような表示式で与えられるのかについては，このいわゆる流れの場，つまり，速度場を仮定し，それに基づき，上式（4・9）において，B がどのように表現されるのかを数理解析的に調べる．このようにして，磁場の構造が，どのような形のものとなっているかが，速度場を与えた上で決定できるのである．しかしながら，実際には，理論的な取り扱いは決して容易ではない．速度場と磁場とを連立させて，数理解析的に解くことができないからである．

このようなこともあり，速度場について，その流れの数学的な表現形式を仮定し，その仮定の上に立って，式（4・9）を磁場 B について解く試みが，実際になされてきているのである．

天体磁気の起源に関する研究について，ダイナモ作用を取り上げるに当たっては，当然のことながら，先に学んだカウリングおよびフェラーロの両定理から導かれる結果は，考慮されなければならない．ダイナモ作用について，解析的に数学理論を展開することは，現在でも極めて難しく，バブコック・レイトンによる太陽磁場の起源についてのモデルにおいても，"α 効果" のような磁場とプラズマの運動の相互作用を考慮に入れなければ，この磁場の成因ですら理論的に説明するのことは，極めて難しいのである．

カウリングの定理から要請されるように，天体磁場の起源を理論的に研究するに当たっては，軸対称な磁場を形成するような生成機構を，取り上げることはできない．このことは，磁場の運動を制御するプラズマの運動に対しても，軸対称な運動を取り上げることができないことを示している．このことからみても，天体磁場の起源について，その研究は極めて難しいのである．

◆ 磁化プラズマの安定性

プラズマ中の磁場が，時間的，空間的に変化すると，電場を誘起したり，それに伴って電流を発生させたりする．すでに示したように，磁場はプラズマに凍結（frozen-in）されているので，プラズマ運動のエネルギーが磁場エネルギーに比べて，同体積で比較したとき，大きければ，磁場はプラズマの運動にしたがって，同じ速度で移動していく．

逆に，磁場のエネルギーが，プラズマの運動エネルギーに比べて，同体積比で高い場合には，プラズマの運動は，磁場により強くコントロールされることになる．プラズマの運動は，式（3・10）に示したように，プラズマの圧力勾配による力と，磁場により生じる電磁力（$j \times B$）とから成る．もし重力場の働きもあったとしたら，重力加速度を g で示すと，mg で表される力が，式（3・10）に加えられなければならない．

マクスウェルの方程式で，式（3・19a）で与えられる j についての表示を用い

ると（ここで，プラズマの運動の取り扱いでは，変位電流の項，$\dfrac{\partial \boldsymbol{E}}{\partial t}$ は無視できたことを思いだそう），次式が成り立つ．

$$\boldsymbol{j} = \nabla \times \boldsymbol{B} \tag{4・10}$$

この式を，式（3・10）の $\boldsymbol{j}$ に代入して，以下のように磁場による力を求めることができる．

$$\boldsymbol{j} \times \boldsymbol{B} = (\nabla \times \boldsymbol{B}) \times \boldsymbol{B}$$

$$= \frac{1}{2} \nabla (\boldsymbol{B} \cdot \boldsymbol{B}) - (\boldsymbol{B} \cdot \nabla \boldsymbol{B}) \tag{4・11}$$

この結果についてみると，右辺第1項は，磁場エネルギーの磁場ベクトル，言い換えれば，磁力線の束（磁束）に垂直方向に働く力，また，第2項は磁力線方向に働く張力成分を表す．このように磁束は，磁力線方向に垂直に働く力，つまり，圧力と，磁力線方向への張力とから成り立っているのである．ここで，磁力線群，つまり，磁力管が，図4-10に示すような構造をとっていた場合には，図の下側にある磁力線による上方に向かう力が，上側にある磁力線による力に比べて強い．このような配位をとる磁力管は不安定で，下側の磁力線が上側のそれと入れ換わる傾向を示すという不安定性を伴っている．このような不安定性は，ねじれの不安定性（twist instability）と呼ばれ，磁力線が空間的にみて

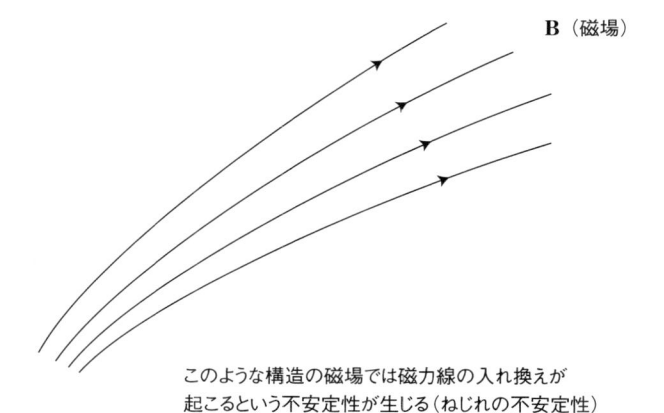

図 4-10　磁力線が曲がっている場合に生じる不安定性

このような構造の磁場では磁力線の入れ換えが起こるという不安定性が生じる（ねじれの不安定性）

B（磁場）

曲がっていることによって，ひき起こされるのである．

　ここでは，もう1つの例を取り上げ，磁場の作用を受けているプラズマに関わった安定性について，考えてみることにしよう．第1章で，地球の磁気圏の構造について述べたが，そのとき地球の夜側にプラズマ・シートが形成されていることをみた（図1-2）．南極側から，夜側の空間へと伸び広がった磁力線は，その向きが，太陽から遠ざかるようになっているし，北極側では，磁力線の向きが，地球の北極地方に向かうようになっている．

　地球の夜側において，地球半径の数倍離れたところでは，地球の赤道を通る平面付近に，図1-2に示したように，プラズマ・シートが広がっている．そこでは，反対向きの磁力線が互いに出会い，相互に接近して消滅し，その磁場のエネルギーが，周辺に広がっているプラズマの加熱に働き，高温のプラズマ・シートが形成されるのである．

　向きが反対の磁力線は，運動しながら出会うと，相互に引き合って近づき，互いに出会ったときに消滅し，そこにあったプラズマの加熱に働くのである．このような過程は，磁力線の再結合（magnetic reconnection）の過程と呼ばれている．太陽面上で発生するフレア（flare）と呼ばれる一種の爆発現象は，今ふれた磁力線の再結合によりひき起こされることを示唆する観測結果が，数多く残されているのである．

　非常に高温なプラズマを，安定に閉じこめるにはどうしたらよいのだろうか．金属容器などはすぐに溶解してしまうので，全然役に立たないため，熱いプラズマを閉じこめるには，強い磁場の壁によるのがよいと考えられている．だが，先にふれたように，ねじれの不安定性が，この場合にも生じ，プラズマの閉じこめは巧くいかないのである．地上に熱核融合反応炉を建設しようとの試みが，いくつかの国ですすめられているが，ねじれの不安定性が発生してしまい，ほとんど成功していない．瞬発的と言ってよいほどの短い時間において，熱核融合反応が実現されたという実験結果が，報告されているに過ぎないのが実状である．

　現在，国際協力の下に，フランスのグルノーブルに建設されている核融合研究所（ITER）では，プラズマを閉じこめる機構ほかについて，研究がすすめ

られている．

◆ "力が働かない"（force-free）磁場

　磁場の作用下にあるプラズマ，いわゆる磁化プラズマが，静力学的に釣り合いの状態にあるとき，プラズマの運動は存在しないので，前に考察した式（3・28）が成り立っているはずである．磁場の強さがかなり大きいとき，この式中の重力場による力と，圧力勾配から生じる力が，磁場からもたらされる力に比べて，無視しうるほどに，非常に弱い場合がある．このとき，プラズマ中に誘起される電流 j が，磁場に平行に流れるようになって，平衡を保持する，つまり，次式の成り立つことが要請されることになる．

$$j \times B = 0 \qquad (4\cdot11)$$

この式が成り立つ場合には，電磁気的な力を考慮する必要がないだけでなく，電流 j 自体が磁場を生みだすのに，それによる先にみた力が生じないのであるから，上式（4・11）は，さらに次のように書き換えることができる．つまり，

$$\nabla \times B = \alpha B \qquad (4\cdot12)$$

この式で，α は場所によって異なっていてもよいので，$\alpha = \alpha(r)$（r は位置を表す）ととれる．

　式（4・12）を数理解析的に解けば，"力の働かない"（force-free）磁場の形状ほかが，明らかにできることになる．最も簡単な場合は，α が定数の場合である．また，$\alpha = 0$ ととった特殊な場合には，よく知られているように，磁場 B は，次のように表される．

$$B = \nabla \phi \qquad (4\cdot13)$$

このとき，ϕ は磁気ポテンシャルと呼ばれるスカラー関数であることが，明らかである．地球の磁場も，このようなポテンシャル関数により表されるものと考えられており，それが，図1-2 において，地表近くの磁場がいわゆる双極子型の磁場により表されたのであった（第2章「地球磁場内の荷電粒子」の節もみられたい）．強力な棒磁石を地球の中心部に据えたモデルにより，数学的に表現されるのが，地球の磁場なのである．

　式（4・12）に対し，次の演算を行なうと，下記の表示式が求まる．

$$\nabla(\nabla \times \bm{B}) = \nabla(\alpha \bm{B})$$
$$= \bm{B} \cdot \nabla \alpha \qquad (4\cdot14)$$

したがって，磁場ベクトルの方向に対して，α の空間的な勾配は 0 となっていなければならないのである．さらに，式（4・12）に，次のような演算を行ってみよう．

$$\nabla \times (\nabla \times \bm{B}) = \nabla \times (\alpha \bm{B})$$
$$= \alpha \nabla \times \bm{B} - \bm{B} \times \nabla \alpha$$
$$= \alpha^2 \bm{B} - \bm{B} \times \nabla \alpha$$

したがって，

$$\nabla^2 \bm{B} = -\alpha^2 \bm{B} + \bm{B} \times \nabla \alpha \, (= \Delta \bm{B}) \qquad (4\cdot15)$$

プラズマの運動が存在しない場合（$\bm{v}=0$）には，式（3・12）が成立するはずであるから，この式の右辺に，式（4・15）を代入すると，次式が導かれる．

$$\frac{1}{\eta}\frac{\partial \bm{B}}{\partial t} = -\alpha^2 \bm{B} + \bm{B} \times \nabla \alpha \qquad (4\cdot16)$$

この式において，磁場が変型を受けずに，オームの法則によってのみ，時間とともに変化すると仮定すると，$\bm{B} = \bm{B}_0 f(t)$ と書けるから，2 つの式（4・14）と（4・16）から，次式が導かれる．

$$\bm{B}_0 \times \nabla \alpha = 0 \qquad (4\cdot17)$$

これから，α は一定（constant）であることが帰結する．このとき，式（4・16）の右辺第 2 項は考慮する必要がなくなる．したがって，磁場 $\bm{B}$ は $\tau = \dfrac{1}{\eta \alpha^2}$ の時間で，次式に示すように，減衰していく．

$$\bm{B} = \bm{B}_0 e^{-\frac{t}{\tau}} \qquad (4\cdot18)$$

α が一定の場合には，さらに式（4・15）から，次式が導かれる．

$$\nabla^2 \bm{B} + \alpha^2 \bm{B} = 0 \qquad (4\cdot19)$$

この式を解くことにより，磁場 $\bm{B}$ は α が定数の場合における解を与えることになる．ここでは，この解は α^2 を固有値として導かれることを示し，これは微分方程式の固有値問題に当たるのだ，ということだけを述べて，実際に解くのは，

宿題とする.

第5章

荷電粒子の加速過程

　天の川銀河の空間中を，宇宙線（cosmic rays）と呼ばれる高エネルギーの諸種の原子核や電子が，この空間に広がって存在するいわゆる銀河磁場と相互作用をしながら飛び交っている．現在，これらの宇宙線は，天の川銀河内のどこかで，その大部分が加速されて生成されたものと，考えられている．この空間中に，何らかの加速機構が存在して働いており，宇宙線と呼ばれる高エネルギー粒子群を作りだしていると，想定されているのである．

　私たちにとって最も身近な星は太陽だが，太陽光球面上にしばしば出現する黒点群の上空で，太陽フレア（solar flare）と呼ばれる一種の爆発現象が時折発生する．このフレアに伴って高エネルギー陽子ほかの種々の原子核および電子が加速・生成され，その一部はしばしば地球の磁気圏内に侵入し，地表にまで到達するのである．太陽フレアに類似した現象を作りだす星も，天の川銀河空間のあちこちに存在し，宇宙線の一部を生成しているものと，現在考えられている．これらの星々は，フレア星（flare star）と呼ばれている．

　エネルギー的にみたときには，宇宙線や太陽フレアに伴って発生する高エネルギー粒子には及ばないが，地球の磁気圏，木星や土星などの巨大惑星の磁気圏内では，規模は異なるが，オーロラ現象がしばしば発生している．これらの現象にも，ある程度高いエネルギーにまで加速された陽子や電子が関わっていることは，科学探査用のロケットや人工衛星などの飛翔体による観測から明らかにされている．

　このように，宇宙空間において，いろいろなところで，高エネルギーにまで加速された陽子をはじめとした種々の原子核や電子が，宇宙のいわゆる高エネ

ルギー現象を作りだしている．こうした高エネルギーの粒子群は，いろいろな加速機構を通じて，生成されたのだと考えられるので，これらの粒子群が，いかなる過程により創成されたのかについて，この章で考察することとしたい．

宇宙空間に広がるプラズマは，そこに存在する磁場との相互作用を通じて，多彩な現象を作りだす．すでにみたように，この磁場は，例えば，太陽についてみれば，太陽内部の光球直下に広がる対流層内でみられるダイナモ作用により，作りだされるものと推測されている．

天の川銀河には，アーム（arm）に沿って，強さは弱いが，1マイクロ・ガウス（μG）程度のいわゆる銀河磁場が広がっている．それが，この銀河の円板領域の構造を決めるのに，大きな役割を果たしているものと，推測されている．かつて，この銀河磁場の作用を受けながら，荷電粒子は運動しており，この磁場自体の運動から誘導される電場により，加速されることを通じて，宇宙線のような高エネルギー粒子にまで到達するものと，考えられたこともあった．

現在では，星々が群がって分布するアームの中で，種族Ⅰ（population Ⅰ）に分類される大質量の星々が，それぞれの進化の最終段階で，超新星（supernova）として大爆発を起こし，この爆発に伴って発生した磁気を帯びた衝撃波により，一挙に宇宙線のような高エネルギー粒子群が加速・生成されてしまうものと考えられている．

先程もふれたことだが，現在多くの研究者によって，磁場の時間的・空間的な変動と荷電粒子との間にみられる相互作用が，これら粒子の加速に働き，宇宙線のような高エネルギー粒子が作りだされるのだと，考えられている．したがって，荷電粒子の加速機構に関する諸問題は，宇宙プラズマ物理学においても，大切な研究課題の1つと言ってよいのである．

◆ 運動する磁場内の荷電粒子

磁場の作用を受けて運動する荷電粒子について，案内中心近似（guiding center approximation）による方法での取り扱いが，いかなるものかについて，第2章ですでに研究している．その際，荷電粒子の運動が，磁力線によって捉えられた旋回運動と，その運動の中心の移動（ドリフト，drift）とから成り立

つとして,理論的な扱いを行なうと,荷電粒子の運動の取り扱いがやさしくなるだけでなく,見通しが極めてよくなることをみた.

案内中心近似による荷電粒子の運動に対して,その出発点となる運動方程式は,本章でも,第2章に使用したのと同じ記号を用いることにすると,図2-6に対応して,式(2·19)が成り立つ.これを荷電粒子の運動についての案内中心近似の基礎方程式とする.この式の右辺をみると,重力,電場,それに磁場による力が働いていることは,明らかである.また,磁場が時間的,空間的に変動している成分が入っていることもわかる.

このようにして,案内中心の運動は,式(2·25)で与えられることになるのだが,右辺第4項にみえる $\ddot{R}$ には,式(2·26)に示した結果を代入すれば,磁場の存在によるドリフト($\dot{R}_\perp$)に対する一般的な表現式が求められることになる.この表現式は,あらためて $\dot{R}_\perp$ がドリフト運動を意味することから,V_d(添字dはドリフトを意味する)と記号を変えて表すと,順序の変更も含めて,次式が求まる.

$$V_d = \frac{n}{B} \times \left\{ -E - \frac{m}{Ze}g + \frac{zmM}{Ze}\nabla B + \frac{m}{Ze}\left(v_\parallel \frac{dn}{dt} + \frac{du_E}{dt}\right) \right.$$
$$\left. + v_\parallel E_\parallel u_E + \frac{2mM}{Ze}u_E \frac{\partial B}{\partial t} \right\} \quad (5·1)$$

この式で用いられた n は,磁場 B の向きの単位ベクトルであり,$u_E = \frac{1}{B^2}(E \times B)$ は電場によるドリフトを表す.

Mについては,第2章でみたように,荷電粒子の運動から生じる磁気能率(magnetic moment)を表し,式(2·20)から $\frac{P_\perp^2}{B} =$ 一定(const)であることがわかる.磁力線と荷電粒子の運動速度とのなす角を α とおくと,$P_\perp = P\sin\alpha$ と表すことができる.$\frac{P_\perp^2}{B} = \frac{P^2\sin^2\alpha}{B}$ は一定なので,保存量であることが明らかである.

星などの天体から遠く離れた宇宙空間では,重力場は無視してよいほどに弱いので,上式(5·1)の右辺第2項の重力場に起因するドリフトは,考慮しなくてもよい.第2章では,この重力場によるドリフトについても考察したが,本章では,今後,ドリフトの扱いにおいて,式(5·1)の右辺第2項は考慮に入れ

ないで，先へすすむことにする．

　今ここで，案内中心を通る磁力線に沿う荷電粒子速度を求めると，$v_\parallel \boldsymbol{n}$ と与えられることがわかる．$\boldsymbol{n}$ は，式（5・1）でみたように，磁力線の向きを示す単位ベクトルであった．当の磁力線の曲率を κ で表すと，磁力線の向きに沿った単位ベクトル $\boldsymbol{n}$ の微分（磁力線に沿ってとった線分（line element, ds による）は，

$$\frac{\partial \boldsymbol{n}}{\partial s} = \kappa \boldsymbol{e} \tag{5・2}$$

で与えられる．この $\boldsymbol{n}$ と $\boldsymbol{e}$ との関係は，図5-1に示す．$\boldsymbol{n} \times \boldsymbol{e} = \boldsymbol{b}$ と点Pにおけるもう1つの単位ベクトル $\boldsymbol{b}$ を定義する．

　このように，$\boldsymbol{n}$ と $\boldsymbol{e}$ を含む平面から成るいわゆる接触平面（osculating plane）をとると，$v_\parallel \boldsymbol{n}(V_\parallel)$ は，この面内にあって，磁力線が向かう方向への荷電粒子の速度を表すことになる．したがって，案内中心（guiding center）の速度 V_d は，あらためて次のように表すことができる（図5-1を参照）．

$$V_d = V_e \boldsymbol{e} + V_b \boldsymbol{b} \tag{5・3}$$

ひとつの例として，静的（static）な磁場内の運動についてみると，次のような

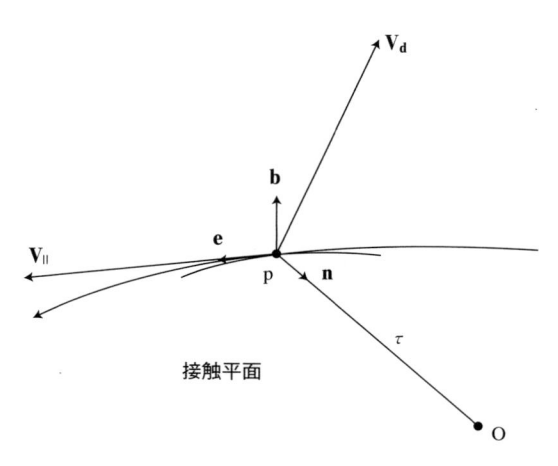

図 5-1　磁場内における荷電粒子の運動を扱う際に用いる局所座標系（荷電粒子の位置に準拠してとられている）．

表示式が求められる．

$$V_d = \frac{\bm{n}}{B} \times \left\{ \frac{M}{Ze} \nabla B + \frac{m}{Ze} v_\parallel \frac{\partial \bm{n}}{\partial s} \right\} \tag{5・4}$$

先に求めた2つの式（5・2）と（5・4）から，ドリフト速度の向きは，法線 $\bm{b}$ の向きに沿っていることがわかる．このとき，V_dの絶対値$|V_d|$は，磁場に垂直な方向で一定となるから，磁力線周囲の作用積分（action integral）は保存され，一定であることがわかる．この積分を $\frac{J\phi}{2\pi}$ とおくと，次式がえられる．

$$\frac{J\phi}{2\pi} = m \int_0^{2\pi} V_d d\phi \cdot a \tag{5・5}$$

この式中で，a は案内中心と磁力線の中心軸間の距離を与える．この物理量は，例えば，地球磁気圏内で，地球内部から伸びて広がる磁力線の空間分布が，双極子型で近似できる領域では，磁力線の働きによるドリフトが，磁力線の作る子午面に垂直方向に起こり，荷電粒子が地球周囲を一周した際の積分値（5・5）が一定に保存されることを示す．その際，a は地球磁場を作る双極子の軸と荷電粒子の間の距離を表しているのである．

この物理量 $J\phi$ は，荷電粒子が半径 a で，地球磁気圏内を一周して戻ったときに，その内側の磁気フラックスが一定であることを示しており，ノースロップ（T.G. Northrop）とテラー（E. Teller）によって，保存量であることから，第3の不変量（invariant）という呼び名が与えられている．

第1の不変量は，先程でてきた M で，物理量についてあらためて記すと，次式のように表される．

$$M = \frac{P_\perp^2}{2mB} = \frac{P^2 \sin^2 \alpha}{2mB} = \text{const} \tag{5・6}$$

この物理量は，荷電粒子が磁場内を運動するときに，磁場の強さと，磁場により運動がらせん状にすすむときの粒子のいわゆるピッチ角（α）と運動量との間に，上記のような関係のあることを示している．案内中心のめぐりをらせん運動しながら，荷電粒子が強い磁場の領域に入っていくと，磁力線に対し，その垂直の方向の運動量が大きくなり，$\alpha = \frac{\pi}{2}$ のところから，先へはすすめず，そ

こから逆戻りするような運動をすることになる．

　第1と第3の保存量（または，不変量）について，今までにすでにみた．このことは，第2の保存量（不変量）が存在することを，意味している．この第2の不変量は，図1-2に基づいて説明すると，荷電粒子は地球のごく近くでは，双極子型で近似できる地球の磁場中をらせん運動しながら，例えば，1本の磁力線に沿って，南から北へと第1の不変量による制約にしたがって運動する．南北の両極に近いところで，この磁力線に捕捉されている荷電粒子は反射されて，その磁力線に沿って往復運動をするものと推論される．実際には，この磁力線が入っている子午面に垂直に，第3の不変量にしたがった運動が加わるのだが，この往復運動に関わった保存量が，第2の不変量なのである．

　荷電粒子の運動量 P は，磁場内の運動では変化しないので，$P^2 = P_\perp^2 + P_\parallel^2 = \text{const}$（一定）である．したがって，式（5·6）から次式が導かれる．

$$J_\parallel = P \int_{S_1}^{S_2} \sqrt{1 - \frac{B}{B_m}}\, ds \tag{5·7}$$

この式で，B_m は，ピッチ角 α が 90°$\left(\dfrac{\pi}{2}\right)$ となったときの，磁場の強さである．積分は磁力線に沿ってなされるのである．

　例えば，このように磁力線に捕捉されている荷電粒子は，磁力線に沿って，磁場が強くなっている2つの点（S_1 と S_2）の間で，往復運動をくり返すのである．地球の周囲にも，地球の磁場に捕捉されて南北方向に，磁気赤道を越えて往復運動をくり返しながら東西方向（言い換えれば，経度方向）にドリフトしていく荷電粒子群の存在する領域が，実際に存在している．発見者の名前に因んで，ヴァン・アレン放射線帯（van Allen Radiation Belt）と呼ばれているのである．

　図1-2において，地球周囲の空間領域に，黒くソラ豆型に塗りつぶしたところが，放射線帯である．この放射線帯には，内帯，外帯と2つあることが，明らかにされている．

◆ フェルミ加速機構

　宇宙線と呼ばれる高エネルギー粒子は，陽子をはじめとしたいろいろな原子核と電子とから成る．これらの原子核のほとんどすべては，電子をほぼ完全に

失ってしまっており，しばしば"裸"の原子核と呼ばれている．この事実は，高エネルギーにまで加速されていく間に，周囲に広がっている電子群を，他の原子核との衝突ほかの過程を通じて失ってしまっていることを示唆する．このことは，宇宙線にまで加速される原子核群が，加速の過程で，周囲にある物質と激しくぶつかり合ったりして，電離（イオン化）され，その大部分は完全電離し，裸の原子核状態となってしまっているのだ，と考えられるのである．

当然のことだが，荷電粒子は電荷をもっており，これに対し，力の作用を働きかけるのは電気力である．このことは，どんな形のものでもよいから，電場が存在し，それと電荷との相互作用により，電荷が加速されたり，運動をしていたときには，減速が起こることもありうる．このようなことから，宇宙線のような高エネルギー粒子の加速には，天の川銀河の空間に，何らかの形で電場が存在していなければならないことを示唆している．

よく知られているように，何らかの作用により，電場 E がプラズマ中に誘起されても，その結果，生じる運動（v）により，プラズマ内に広がる磁場 B との相互作用を通じて，電場 $v \times B$ が誘起され，すぐに，$E + v \times B = 0$ が成立してしまい，電場 E は，プラズマ中では，常に次式が成り立ってしまっているのである．

$$E + v \times B = 0,$$
$$\therefore E = -(v \times B) \tag{5・8}$$

荷電粒子が磁場中を運動する際に，この粒子がプラズマの運動や磁場の時間的，空間的な変化から受ける作用で生じる粒子のエネルギーの変化は，当の粒子の運動と電場との相互作用を通じた加速，および磁場の時間的な変化から誘起された電場による加速の2つから成る．当然のことだが減速する場合もある．これらのことを考慮し，ある1つの荷電粒子のエネルギーの時間変化は，粒子のエネルギーを W とおくと，次式に示すような結果が導かれる．

$$\frac{\partial W}{\partial t} = Ze(V_d + V_{\parallel}) \cdot E + M \frac{\partial B}{\partial t} \tag{5・9}$$

この式で，右辺第1項は電場（式（5・8）で与えられる）による加速，第2項は磁場の時間変化を通じて誘起された電場による加速を表している．実際に，加

速機構について考えていく際には，粒子の軌道運動に関わった向きの変化も考慮に入れなければならない．このとき，単位ベクトル n と，電場によるドリフト速度 u_E の変化を，式 (5・9) では考慮される必要がでてくる．この 2 つの変化率は，次のように表される．

$$\frac{d\mathbf{n}}{dt} = (v_\parallel - u_\parallel)\frac{\partial \mathbf{n}}{\partial s} = v_\parallel^* \frac{\partial \mathbf{n}}{\partial s} \tag{5・10}$$

$$\frac{d\mathbf{u}_E}{dt} = -v_\parallel^* \left(\mathbf{n}\cdot\mathbf{u}\cdot\frac{\partial \mathbf{n}}{\partial s} + \frac{\partial \mathbf{n}}{\partial s}\mathbf{u}\cdot\mathbf{n}\right) \tag{5・11}$$

これら 2 式にでてきた線分 ds は，図 5-1 において，磁力線の向きに計った長さで，$\frac{\partial \mathbf{n}}{\partial s}$ は磁力線が曲がる割合，つまり，曲率を表している．上の 2 式にでてきた $v_\parallel^*$ は，$v_\parallel^* = v_\parallel - u_\parallel$ である．

荷電粒子のエネルギー変化，つまり，加速の割合についての式 (5・9) を，V_d と E について，それぞれ式 (5・1) および式 (5・8) を用いて，書き直すと，少し長くなるが，粒子加速，言い換えれば，粒子エネルギーの時間変化に対し，次に示すような式が導かれる．

$$\frac{\partial W}{\partial t} = mv_\parallel^* \mathbf{u}\cdot\frac{\partial \mathbf{n}}{\partial s} + \left(\frac{\mathbf{n}}{B}\times M\nabla B\right)(B\mathbf{n}\times\mathbf{u}) + M\frac{\partial B}{\partial t}$$

$$= \left(\frac{v_\parallel^*}{c}\right)W\left(\mathbf{u}\cdot\frac{\partial \mathbf{n}}{\partial s}\right) + \frac{P^2c^2}{W}\frac{\sin^2\alpha}{2B}(\mathbf{u}\cdot\nabla)B$$

$$+ \frac{P^2c^2}{W}\frac{\sin^2\alpha}{2B}\frac{\partial B}{\partial t} \tag{5・12}$$

この式において，u は磁場の運動速度を表しているが，図 5-2 に示したように，2 つの形式から成り立っていることがわかる．この式の右辺第 1 項による加速機構については，フェルミ（E. Fermi）が初めて取り上げたものであった．もう少し詳しくふれると，図 5-2(a) は，1949 年にフェルミが初めて，宇宙線の加速機構として取り上げた磁力線と，これに捕捉されている荷電粒子との相互作用の仕方で，現在，フェルミⅠ型の加速機構と呼ばれている．

図 5-2(b) に示したものは，同じくフェルミが 1954 年に，もう 1 つの加速機構として取り上げたものである．荷電粒子が磁力線に捕捉されて，磁力線の運

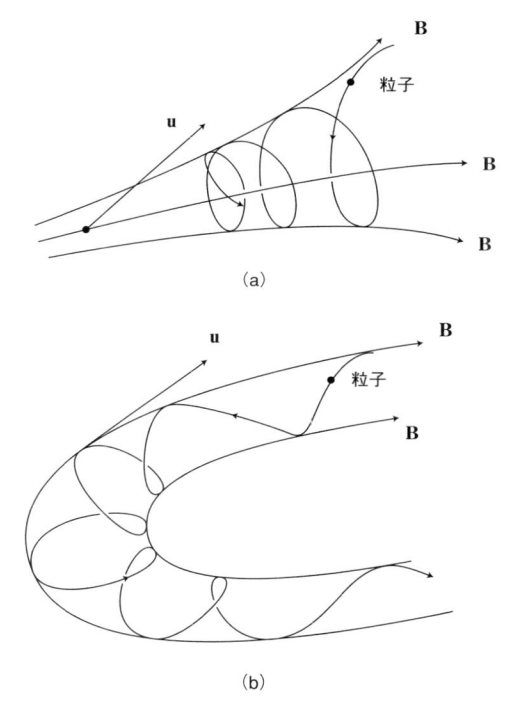

図 5-2 磁場の構造（配位）とそこで運動する荷電粒子の軌跡（u は磁力線の運動速度）
(a) 磁場が 1 点からロート状に広がり，強さが弱くなっていく．荷電粒子が左方に向かって運動している場合
(b) 磁力線が曲がっており，それにしたがうように荷電粒子が運動する場合の軌道

動によりはね返されるような形の運動をしながら，この磁力線の運動 u から，加速のためのエネルギーを与えられるのである．こちらは現在，フェルミⅡ型の加速機構と呼ばれている．

運動する磁場（磁力線）と荷電粒子とが出会い，この磁場により加速されるこれら 2 つの機構は，天の川銀河空間にみられるように，磁場が広がった領域では，磁力線の形状にもいろいろなタイプのものが存在する．これら 2 つ（図 5-2(a)，(b)）の加速機構が，ともに働いているものと考えられるのである．図 5-2(a)，(b) に示した磁場の運動速度 u が，これらの図に描かれた場合と，向

きが逆になっている場合では，当然のことだが，荷電粒子は減速を受けることになる．

磁力線の運動が，この磁力線に対し垂直方向の成分をもたない，つまり，$u \| n$ のときには，$u \cdot \dfrac{\partial n}{\partial s} = 0$ となるので，式（5・12）の右辺第1項は，0となってしまう．このことは，この項が粒子加速に働かないことを意味する．この場合には，式（5・12）の右辺の第2項と第3項による加速機構が働くことになる．この2つの項をみると，磁場の全時間変化，$\dfrac{dB}{dt} = \dfrac{\partial B}{\partial t} + (u \cdot \nabla)B$ が成り立つので，これら2項を加え合わせると，次式のようになる．

$$\frac{P^2 c^2}{W} \frac{\sin^2 \alpha}{2B} (u \cdot \nabla)B + \frac{P^2 c^2}{W} \frac{\sin^2 \alpha}{2B} \frac{\partial B}{\partial t} = \frac{P^2 c^2}{W} \frac{\sin^2 \alpha}{2B} \frac{dB}{dt}$$

(5・13)

この結果は，磁場の時間変化による荷電粒子の加速機構を示しており，ベータートロン加速機構と呼ばれ，1933年にスワン（W.F.G. Swan）によって提案されたものである．

今までにみたことから明らかなように，フェルミの加速機構とベータートロン加速機構の2つは，式（5・12）に示した結果から推測されるように，相互に独立したものではないことが，明らかである．この事実は最初，ノースロップ（T.G. Northrop）により，後にわが国の早川幸男（S. Hayakawa）ほかにより指摘されている．

フェルミによる2つの加速機構において，エネルギーの利得（gain）がどれほどかについては，この加速が統計的（stochastic）であるから，平均的なエネルギー利得について，ある種の仮定に基づいて，その期待値を，計算により求めてやらなければならない．だが，ベータートロン加速は，式（5・13）から推測されるように，可逆的（reversible）な過程なのである．

フェルミによる加速機構に対しては，加速される当の荷電粒子の磁力線方向の速度が，磁力線の速度（u）に比べて，十分に大きいと仮定し，先にみたエネルギーの利得を計算せねばならない．運動量Pをもつ荷電粒子が線分 ds 上に存在する時間に等しいとの仮定に基づいて，フェルミによる2つの加速機構の平均的な効率を，計算することができる．磁力線の速度ベクトル u は，磁力線

の向きとある角度をなしているはずであるから，2つの加速機構について，利得の平均の割合は，次式に示すような荷重（weight）を掛けて求められる．

$$<F_i(s)> = \frac{1}{T}\int_{s_1}^{s_2} F_i(s)\frac{ds}{V\cos\alpha + u_\parallel} \quad (i = \mathrm{I}, \mathrm{II}) \quad (5\cdot 14)$$

この式において，指数のⅠとⅡはそれぞれ，フェルミⅠ型およびフェルミⅡ型の両加速機構に対応している．上式のT（時間を表す）は，次式のように与えられる．

$$T = \int_{s_1}^{s_2} \frac{ds}{V\cos\alpha + u_\parallel} \quad (5\cdot 15)$$

2つの式にでてきた積分の下限と上限を与えるs_1とs_2は，加速に関わる荷電粒子の磁力線に沿った運動の出発点と終着点に当たる．これら2つの点は，図5-2(a), (b)とから予想されるように，粒子が運動の向きを逆転させる点が異なっているので，当然のことながら，互いに異なっている．

実際，点s_1は粒子運動の向きが逆転する方向へ打ち出される（inject）点だし，もう1つの点s_2は，粒子が逆戻りした後に行きつく点である．図5-2(a)の場合には，2つの点，s_1とs_2は同じところに取れるが，図5-2(b)では，これら2つの点，s_1とs_2は互いに離れている．だが，両者の関係は，図5-2(a)の場合と同じだと考えてよいことは，明らかである．

フェルミⅡ型の加速機構について，まず計算結果を示すと，$|v\cos\alpha| > |u_\parallel|$ならば，平均を記号＜＞で表してやると，次のような式となる．

$$\begin{aligned}
<F_\mathrm{II}(s)> &= \left\langle \left(\frac{v_\parallel^*}{c}\right) \boldsymbol{u}\cdot\frac{\partial \boldsymbol{n}}{\partial s}\right\rangle W \\
&= \frac{W}{T}\int_{s_1}^{s_2}\left(\frac{v_\parallel^*}{c}\right)^2 \boldsymbol{u}\cdot\frac{\partial \boldsymbol{n}}{\partial s}\cdot\frac{ds}{V\cos\alpha + u_\parallel} \\
&= \frac{W}{T}\left(\frac{v}{c^2}\right)\int_{s_1}^{s_2} \boldsymbol{u}_\perp\cdot d\boldsymbol{n} \\
&= -2\frac{W}{T}\left(\frac{uv}{c^2}\right)\cos(\pi-\varepsilon) \quad (5\cdot 16)
\end{aligned}$$

この式を導くに当たっては，$\int_{s_1}^{s_2}\boldsymbol{u}_\perp\cdot d\boldsymbol{n} = 2u\cos(\pi-\varepsilon)$の関係を用いている．こ

の式の中で, ε は粒子の運動の出発点における $\boldsymbol{u}$ と $\boldsymbol{n}$ との間の角の大きさである.

フェルミⅠ型の加速機構では, ε_1 と ε_2 をそれぞれ2つの点 s_1, s_2 におけるピッチ角とすると, $\varepsilon_2 = \pi - \varepsilon_1$ であり, $|v\cos\alpha| > |u_\parallel|$ であるから, $<F_I(s)>$ については, 次式が導かれる.

$$<F_I(s)> = \frac{1}{T}\int_{s_1}^{s_2} \frac{P^2 c^2}{W} \frac{\sin^2\alpha}{2B} \boldsymbol{u}\cdot\nabla B \frac{ds}{v\cos\alpha + u_\parallel}$$
$$= \frac{2}{T}\frac{uv}{c^2} W \cos\varepsilon_1 \qquad (5\cdot17)$$

この式では, 事実上, $\varepsilon_1 = \varepsilon_2$ ととれる. 式 (5・16) と (5・17) について, 最初のピッチ角を, $(v\cos\alpha + u_\parallel)/(v\cos\varepsilon)$ の荷重関数を用いて平均すると, 次の2式が求まる.

フェルミⅠ型, フェルミⅡ型の両加速機構に対する平均を示すと, それぞれ, 次のようになる.

$$\left\langle \frac{P^2 c^2}{W}\frac{\sin^2\alpha}{2B}\boldsymbol{u}\cdot\nabla B \right\rangle = 2\left(\frac{u}{c}\right)^2 \frac{W}{T} \qquad (5\cdot18)$$

$$\left\langle \left(\frac{v_\parallel^*}{c}\right)^2 \boldsymbol{u}\cdot\frac{\partial\boldsymbol{n}}{\partial s} \right\rangle = 2\left(\frac{u}{c}\right)^2 \frac{W}{T} \qquad (5\cdot19)$$

この結果から, 加速効率は両機構で, 同じことがわかる. したがって, 式 (5・12) で与えられた3つの加速機構の効率は, 平均すると, 下記のような結果がえられることになる.

$$\frac{\partial W}{\partial t} = \frac{4}{T}\left(\frac{u}{c}\right)^2 W + \left\langle \frac{\sin^2\alpha}{2B}\frac{\partial B}{\partial t} \right\rangle \frac{P^2 c^2}{W} \qquad (5\cdot20)$$

この結果は, 時間的, 空間的に変動する磁場による荷電粒子の加速に対する一般的な表示式であると, 考えてよいのである. この式から, フェルミⅠ型と同Ⅱ型を併せた加速機構が, 粒子エネルギーに比例していることが, 明らかであるのに対し, ベータートロン加速 (式 (5・20) の右辺第2項) は $vP\left(=\dfrac{P^2 c^2}{W}\right)$ に比例していることがわかる.

式 (5・20) に示した結果は, $\dfrac{\partial W}{\partial t} = v\dfrac{\partial P}{\partial t}$ という関係式を用いて, 運動量の利得 (gain) に関する式に変型することもできる.

$$\frac{\partial P}{\partial t} = \frac{4}{T}\left(\frac{u}{c}\right)^2 \frac{W}{v} + P\left\langle \frac{\sin^2\alpha}{2B} \frac{\partial B}{\partial t} \right\rangle \tag{5・21}$$

さらに，この式を Ze（原子核の電荷）で割ることにより，宇宙線粒子の剛さ（rigidity）についての加速式が求められる．えられた結果は，剛さ R は $\frac{P}{Ze}$ で与えられるから（$R=\frac{P}{Ze}$），次式のようになる．

$$\frac{\partial R}{\partial t} = \frac{4}{T}\left(\frac{u}{c}\right)^2 \frac{1}{v} \frac{W}{Z_e} + R\left\langle \frac{\sin^2\alpha}{2B} \frac{\partial B}{\partial t} \right\rangle \tag{5・22}$$

フェルミⅠ型と同Ⅱ型の両加速は，その機構が，$\sqrt{P^2+\left(\frac{m}{Ze}\right)^2}$ に比例しているのに対し，ベータートロン加速は R に比例しているのである．

加速の効率については，フェルミⅠ型，フェルミⅡ型およびベータートロンの3加速機構について，これらの効率を，それぞれ F_{I}，F_{II}，それに β を用いて表すと，剛さに対しては，次に示すようになる．

$$F_{\mathrm{I}} = F_{\mathrm{II}} = \frac{2}{T}\left(\frac{u}{c}\right)^2 \frac{c}{v} = \frac{2}{T}\frac{u}{c}\frac{c}{v} \tag{5・23(a)}$$

$$\beta = \left\langle \frac{\sin^2\alpha}{2B} \frac{\partial B}{\partial t} \right\rangle \tag{5・23(b)}$$

相対論的なエネルギー領域では，$W \approx Pc$ とおけるので，フェルミⅠ型およびフェルミⅡ型の両加速機構では，R に比例することが明らかで，ベータートロン加速と同じような加速効率になっている．このように，エネルギーの高い領域では，フェルミ型の加速とベータートロン加速とでは，その効率にちがいがみられないようになってしまうのである．

現在でも，フェルミが提唱した2つの加速過程（図5-2(a)，(b)）は，天の川銀河空間内のアームに沿って，広がって存在するいわゆる銀河磁場や，超新星の残骸内の磁場と荷電粒子との相互作用による加速にとって，極めて有効なものと推測されている．現在，宇宙線の化学組成の生成機構との関連で，フェルミによる加速が，どのような役割を果たしているのかについてまで，研究の手が及んでいるのである．

tips　フェルミとはどんな人

　フェルミ（E. Fermi）の研究について，本書では，宇宙線の加速機構について述べた際に，ふれている．

　天の川銀河面を通して，地球に届く光の偏りに関する観測結果の解析から，この銀河面に沿って数マイクロ・ガウス（μG）の弱い磁場の存在が示唆された．さらに，銀河面には毎秒 10 km 程度の星間ガスの運動が存在することも，明らかにされていたので，このガス運動と星間空間磁場との相互作用を通じて，この磁場とガス運動の両エネルギーの間には，平衡状態が成り立っているものと推測されている．

　1949 年にフェルミは，この磁場の運動と荷電粒子との相互作用から，宇宙線のような高エネルギー粒子が加速・生成されるのだというアイディアを提出した．のちに，フェルミ I 型の加速機構として知られるようになった，宇宙線粒子の加速理論である．

　フェルミは万能の天才と，ときに呼ばれるように，物理学の研究における実験にも，また理論にも秀でており，物理学の歴史に残る大きな仕事をいくつか達成している．ベリリウム（Be）ほか放射性元素からの中性子による原子核破壊の実験成果が，1938 年のノーベル物理学賞つながったのであった．彼の夫人はユダヤ出身であったことから，ノーベル賞授賞式に出席したあと，アメリカへ亡命し，ニューヨークにあるコロンビア大学に迎えられた．

　第二次世界大戦中に，彼は原爆開発のための"マンハッタン計画"に参加するが，当初は，シカゴ大学冶金研究所にあって，人類初の原子炉の実験的な稼動を成功させた人であった．このとき，ごく僅かだが電力が得られ，また，微量プルトニウム（Pu）も生成されることを確認している．

　1945 年 7 月 16 日朝早く，ニューメキシコ州西南部にあるトリニティ（Trinity）と名づけられた場所で，プルトニウムによる人類初の原爆実験が成功した．フェルミも現地に行っており，爆風の強さほか，爆弾の性能についても，数値的に詳しく調べている．

　だが，当時のフェルミは，放射性物質の健康に対する障害については，注

5章　荷電粒子の加速過程　91

> 意して考えたことはないらしく，発熱しているウラン鉱石を抱えて「大丈夫だ，平気だよ」などと言っていたという．残念なことに，原爆症にひとつである白血病で，若くして亡くなった．
>
> 　彼が著した「核物理学(Nuclear Physics)」，「熱力学(Thermodynamics)」，それに，「素粒子（Elementary Particles)」の3つは，物理学についての私の勉強に大いに役立ってくれたのであった．今も最初に2つは，私の手元にあり役立っている．

◆ 時間変化する磁場内の荷電粒子

　前節で，荷電粒子と変化する電磁場との相互作用を通じてすすむ荷電粒子に対する加速機構について，考えてみた．その結果として，加速機構には，フェルミ加速に2つのものがあり，さらに，磁場の時間変化からもたらされるベータートロン加速と併せて，3つの加速過程の存在が示された．

　ベータートロン加速は，時間とともに変化する磁場中に捕捉されて，旋回運動（ジャイロ運動）をしている荷電粒子の加速に関わったものである．したがって，式（3·18a）から明らかなように，磁場の時間変化は電場を誘起するが，この電場は，例えば，磁場が時間とともに，強さを増加していくときに，やはりその強さを増加させる．その際，この電場ベクトルは，磁場ベクトルの向きに垂直に向いているだけでなく，この磁場が時間とともに強くなっていくのを押さえる向きになっている．このことは，電場ベクトルが磁場中を旋回運動している陽子などの正イオンを加速する向きに，向いていることを示している．さらに，正イオンと逆向きに旋回運動している電子もやはり，この電場により加速される向きに運動するのである．

　したがって，時間とともに強さが増大していく磁場中で，旋回運動している陽子ほかの正イオンと電子はともに加速されていく．先にふれたように，このような加速機構は，早くも1933年にスワンにより，提唱されていたのであった．誘起された電場の向きは，磁場ベクトルの向きに垂直で，このベクトルを1周する向きになっているので，その強さを$\Delta \phi$と示すと，図5-3から明らかで，

次式のように表されることがわかる.

$$\Delta\phi = \oint E \cdot ds = -\int \frac{\partial \boldsymbol{B}}{\partial t} \cdot d\boldsymbol{S} \tag{5・24}$$

この式に表れる ds は，図 5-3 から明らかなように，誘起された電場に沿った線分である．また，dS は，この図に示したように，電場により取り囲まれた閉じた曲面上にとった小さな面分（dS）である．積分は図に示した電場ベクトルが取り囲む面全体にわたってなされる．したがって，下記の式

$$\Delta\phi \simeq -\frac{\partial B}{\partial t}\pi\rho^2 \tag{5・25}$$

に示したように，荷電粒子が電場に沿って1周したときの，その内部の面積 $\pi\rho^2$ と，積分結果は近似的にとれる．このとき，ρ は荷電粒子の回転半径，言い換えれば，ジャイロ半径（gyro-radins）なのである.

この結果から，荷電粒子が加速される割合は，次式のように表されることになる.

$$-Ze\Delta\phi = Ze\frac{\partial B}{\partial t}\frac{\rho}{2}v_\perp = \frac{P_\perp^2}{2mB}\frac{\partial B}{\partial t} \tag{5・26}$$

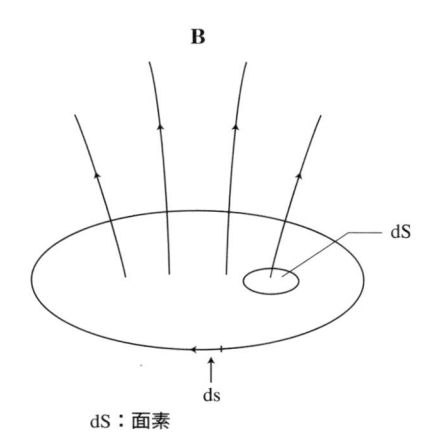

dS：面素
ds：線素

図 5-3　磁場内の運動における荷電粒子の第 1 断熱不変量.
（図 2-10 も参照されたい）

この式にみる $v_\perp$ は，磁場に垂直に運動する荷電粒子の速さである．この結果は，式（5·23）において求められた時間変化する磁場による加速の効率（β）と同じであることを示している．これは当然予想された結果で，ベータートロン加速の機構は，磁場の時間変化により機能することがわかる．

だが，ここでひと言注意すべきことは，ベータートロン加速の機構は，フェルミ加速のそれと異なり，時間的に可逆な過程なので，磁場の強さが，時間とともに減少していく場合には，誘起される電場ベクトルの向きが逆となり，陽子などの正イオンと電子はともに減速されて，運動のエネルギーを失うのである．

実験室内で，イオンや電子を加速する装置として，ベータートロンが，まず作られたが，後に改良されてサイクロトロン（cyclotron）が，さらには，相対論的エネルギーにまで，電子を加速する装置であるシンクロトロン（synchrotron）が，発明されたのであった．シンクロトロンにより電子を加速した際に，電子はその軌道運動の向きを激しく変えられるので，その際に強く偏った電波を放射し，電子加速がすすまなくなるという実験結果が示された．

この電波放射の機構は，現在シンクロトロン放射機構と呼ばれているが（図 2-12 参照），この自然界では，超新星の残骸から放射される強く偏った電波や光は，加速器のシンクロトロン内部で起こっている現象からの類推である．シンクロトロン放射機構による電波から X 線にわたる広いエネルギー域の放射は，相対論的な高エネルギーにまで加速された電子が，超新星の残骸，太陽フレアの発生域ほかの宇宙空間で観測される高エネルギー現象を生みだしていることが，現在では明らかになっている．

◆ 磁気衝撃波による加速

太陽光球面から上空に，黒点群からの強い磁力線が伸び広がっている．この磁力線の構造に関わって急激にひき起こされる不安定性によって，太陽フレア（solar flare）と呼ばれる爆発現象をときに発生させる．黒点群の上空のコロナに広がる磁力線群は，この爆発により，超音速で外部の空間へと向かって移動していくプラズマの雲を発生させる．この雲には，黒点群から伸び広がる磁力

線が凍結されたままになっていて，雲の運動とともに移動していく．さらに，この雲は惑星空間へと向けて移動して行き，コロナ質量放出（coronal mass ejection，略称は CME）と呼ばれる現象を時に発生させる．

この雲の移動速度は超音速で，例えば，秒速 1000km あまりの速さを維持しながら，惑星間空間を移動していく．この雲が地球の磁気圏と，フレア後数日してから衝突するようなことがある．この衝突により，磁気圏の構造や，内部の物理的状態が激しく乱されるのである．磁気圏の太陽に面した側，つまり，昼側は，このプラズマの雲が及ぼす動的（dynamic）な圧力により，ときには，磁気圏の大きさが，普段の大きさの半分くらいにまで，圧縮されてしまうようなことも起こる．夜側も収縮し，前から存在していたプラズマ・シートに蓄えられているイオンや電子が，地球から伸びる磁力線に沿って加速されながら，地球磁気圏の奥深く，地球の南北の高緯度帯の大気中へと侵入し，オーロラ（aurora）を発生させる．また，侵入した陽子をはじめとした正イオンや電子は，地上 100km 付近に広がる電離層中に激しい電流を発生させることがある．これにより，地球磁気が大きく乱され，極域に激しい磁気擾乱が発生する．

先にふれたように，磁気圏の大きさが，大きく収縮させられるので，地表付近では最初，地球磁気の強さが急に増加する．その後，磁気圏内に侵入した陽子ほかの正イオンと電子とのドリフトによる西向きの強力な電流が発生し，それにより地表付近の磁場の強さは大きく弱められる．これが磁気嵐（magnetic storm）の主相（main phase）と呼ばれる現象で，この嵐の発達にみられる典型的な様相は，図5-4 に示した例にみられるような時間的な推移を示すのである．

コロナ質量放出（CME）と呼ばれるフレアに伴うコロナ・ガスから成る雲の放出について，前にふれたが，このガス雲は超音速で，太陽コロナの外延部から外側へと飛び去っていく．したがって，この雲の前面には衝撃波が形成され，その前面からその付近に存在している陽子ほかの正イオンや電子は，この衝撃波により急速に加速される．その結果，衝撃波の前面には，高エネルギーにまで加速された諸種のイオンと電子があって，この波の前にあって，太陽から遠去かるように広がっていく．

この高エネルギーに加速された電子は，衝撃波の前面近くで，背景に存在す

5章 荷電粒子の加速過程 | 95

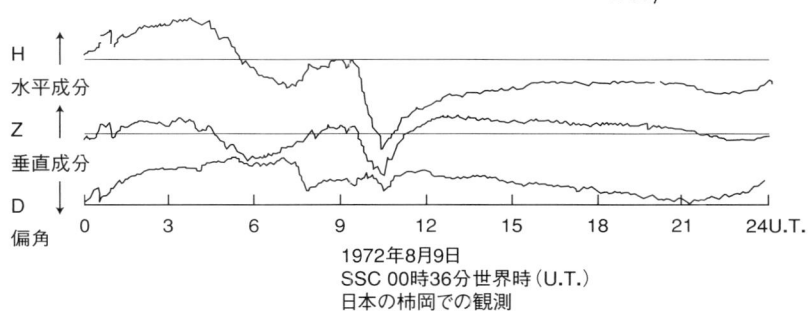

最大値　H 280γ
　　　　Z 80γ

H ↑
水平成分

Z ↑
垂直成分

D ↓
偏角

0　　3　　6　　9　　12　　15　　18　　21　　24 U.T.

1972年8月9日
SSC 00時36分世界時（U.T.）
日本の柿岡での観測

1972年8月7日に，大きなフレアが太陽面で発生．このフレアによる
コロナ・ガスの放出（CME）により，地球磁気は大きく乱れた．

図 5-4　大きな太陽フレア発生後，数日以内に時折，地球磁場は大きく乱される（磁気嵐の1例）

るプラズマとの相互作用を通じて，電波を放射し，これがⅡ型電波バーストとして観測されることになるのだと，推測される（図6-4）．このバーストは衝撃波に先行する放射源から放射される電波で，衝撃波が太陽から遠去かっていくのに応じて，背景のプラズマ密度がだんだんと下がっていくので，放射される電波の周波数も下がっていく．低周波帯に向かっての周波数のドリフトが起こるのである．ひとつ注目すべきことは，この電波バーストには，二次の高調波成分が伴っていることから，何らかの非線型効果が，働いているのだと解釈されている．次章で詳しく説明する．

　磁場が存在するプラズマ中をすすむ衝撃波について，簡単のためにここでは，図5-5に示すように，衝撃波の進行方向が，プラズマ中の磁場と垂直となっている場合を取り上げることにしよう．衝撃波を前面に形成しながらすすむプラズマは，磁場を凍結しているので，この図に示したように，衝撃波の波面の後側では，磁場が強められていく．この衝撃波の前面付近で，磁場中を旋回運動しているイオンや電子は，衝撃波の後側に入ると，旋回半径（ジャイロ半径）が，磁場が強いために，図に示すように，小さくなるので，磁場によって跳ね飛ばされたかのように，衝撃波の前面に戻ってくる．だが，旋回運動を続けている

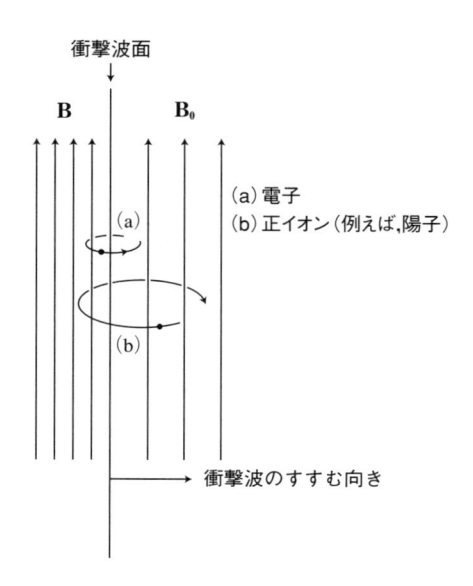

図 5-5　磁化プラズマの超音速の運動により発生した衝撃波のモデル．この図では右方へと向かっている．

ので，先にみたのと同様の運動をくり返すが，衝撃波の波面の前後を行き来する間に，イオンも電子も加速されていく．このような加速過程を経て，高エネルギーを得た粒子群が，衝撃波に先行して惑星間空間を移動していく．この一部が地球磁気圏内に侵入し，磁気圏内を航行している科学観測衛星によって，検出されることがある．先にふれたように，高速に加速された電子群は，衝撃波に先行するⅡ型電波バーストの放射源となるものと考えられている．

　ここで衝撃波が進行して形成する波面の前面と後面とでは，プラズマや磁場が，どのように変化しているかについて，一般的な考察をしておこう．このような取り扱いから，磁場の存在下のプラズマに対する衝撃波の特性を，明らかにすることができるのである．

　ここで取り上げた例では，磁場は衝撃波面に平行であり，この波面の進行方向は磁場ベクトルに対し垂直となっているので，衝撃波の構造は，図 5-6 に示すように，模式的に描かれる．衝撃波の後側では，磁場は圧縮されるので，そ

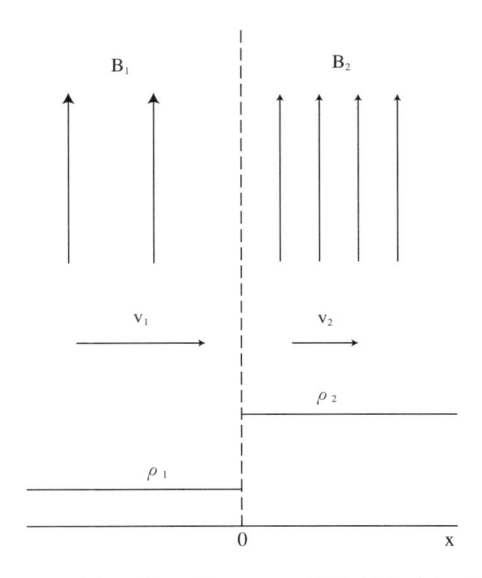

図5-6 衝撃波の前面（1）と後面（2）における波面の速度（V），磁場の強さ（B），密度（P）の変化．波面の位置を0ととってある．

の強さは大きくなっている．また，プラズマ密度も，プラズマが圧縮されているので，やはり大きくなる．しかしながら，衝撃波の波面の前後では，いくつかの物理量は連続しているので，その大きさは不変，言い換えれば，保存されていなければならない．実際に，それらの物理量を取り上げてみると，6個存在することが示される．

これらの物理量について，衝撃波の波面の前後で保存されるという意味をこめて，次のような表示法を用いる．右辺が0ということは，波面の前後で，{ }内の物理量が保存されており，変化がないということである．

$$\{\rho v\} = 0 \tag{5・27}$$

この式では，プラズマ密度をρで示し，vは衝撃波の速さである．

磁場が衝撃波の波面に平行であり，この波動の進行方向に対し，垂直であるから，プラズマの速さをv_n（nはnormalの意味で，垂直ということ）と示すと，$v_n \neq 0$，$B_n = 0$と表せる．ここでの仮定では，波面に沿う方向の速さは0，また，

磁場はプラズマに凍結 (frozen-in) されているので，
$$\{v_n B_T\} = 0$$
となる．B_T は波面に沿う磁場の強さである．さらにこれら2つのほかに，以下に示すように，3つの式が成り立つ．

$$\left\{\frac{B}{\rho}\right\} = 0 \tag{5・28}$$

$$\left\{P + \rho v^2 + \frac{B^2}{2}\right\} = 0 \tag{5・29}$$

$$\left\{\frac{v^2}{2} + \omega + \frac{B^2}{2}\right\} = 0 \tag{5・30}$$

式 (5・27) と式 (5・28) の間に，実は2つの不変量がでてきており，これらを合わせて，保存される物理量が6個となるのである．式 (5・30) にみえている ω は，熱力学的エネルギーである．これら6個の連続の式を用いて，衝撃波の前後で，どのように物理量が保存されているかがわかる．これらの関係式の中で，式 (5・29) は，圧力が衝撃波の波面の前後で連続している（つまり，同じになっている）こと，また式 (5・30) は，エネルギーが同様に，この波面の前後で連続していることを表している．

ここで考察したのは，衝撃波の波面にプラズマ中の磁場が平行な場合を扱ったもので，特殊であるが，磁場が波面に対し斜めになっている場合は，垂直方向と平行方向と2つに磁場を分けて，考えなければならない．そのため，少し複雑となるが，基本的には先に求めた6個の連続の式が成り立っているのである．これらの関係式を用いて，衝撃波の後側で，磁場が強くなっていること，また，プラズマの密度が，圧縮されて高くなっていることが，図5-6で示したモデルからも明らかにみてとれる．

太陽フレアにより生成された磁気を帯びたプラズマ雲がすすんでいく前面では，おおよその描き方だが，図5-6に示したように，衝撃波が形成され，そこで，陽子などの正イオンや電子が，加速されるのだと考えられる．その加速の様子を描いてみると，これらの粒子は磁力線の周囲を旋回運動しながら，磁場の運動とともに移動しつつ，急速に加速されていくものと思われる．この旋回運動の様子は，図5-7に示したように，衝撃波の波面の前後で大きくちがっている

↓衝撃波面

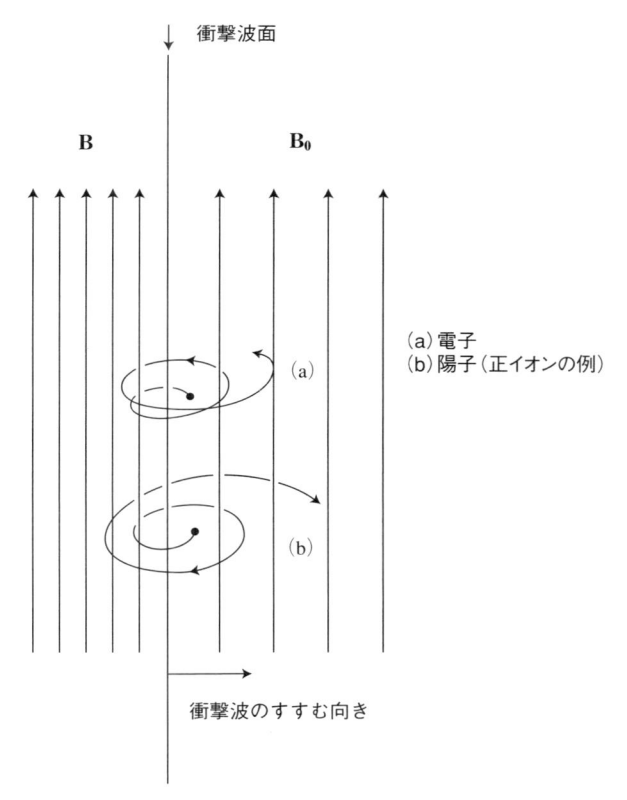

B　　B₀

(a) 電子
(b) 陽子（正イオンの例）

衝撃波のすすむ向き

荷電粒子はくり返し衝撃波面を経過しながら加速されていく

図5-7　衝撃波の先端部分で生じる荷電粒子の加速過程．荷電粒子の旋回運動のくり返しにより加速が生じる．

ことから，加速が生じるのだと考えられる．荷電粒子はすべてがこんな仕方で，旋回運動をくり返しながら，衝撃波とともに移動していく中で，フェルミ加速と同様の加速機構の働きを通じて，加速されていくのである．

◆ プラズマ加熱

　未来のエネルギー源として，熱核融合反応を利用した発電に基づく研究がある．原子力発電の機構に取って換わるものと，多くの国々で，開発が試みられ

ている．現在，フランスのグルノーブルに建設され，国際的な協力による研究機関ITERにおいて，この研究がすすめられている．この事業には，わが国も参加しており，多くの人により知られていることであろう．国内でも，この事業に関連した研究がすすめられているのである．

　熱核融合反応によるエネルギー生産を可能とするには，超高温のプラズマを制御する技術を作りあげる必要がある．このようなプラズマを生成するためには，核燃料となる重水素（$^2_1$H），また，トリチウム（$^3_1$H）を超高温にまで加熱し，それを熱核融合炉と呼ぶ装置に収め，核融合反応を制御する工夫が必要となる．このことは，プラズマの加熱とプラズマの制御が，極めて重要な研究課題であることを意味している．

　今までに述べたのは，地球上での課題だが，この宇宙の至るところで，超高温のプラズマが実現されており，人類が現在研究をすすめている熱核融合反応によるエネルギー生成の現場となる"未来図"を垣間見ることができる．例えば，太陽の中心部において，現在進行中の陽子・陽子連鎖反応（proton-proton chain reactions）による核エネルギーの解放である．

　この解放を通じて生成されたエネルギーを，最終的には，太陽は現在みられるように，周囲の空間へと向かって，途切れることなく放射し続けているのである．この休みなく放射される電磁エネルギーは，ほぼ3.83×10^{26} W（ワット）で，その1000万分の1ほどが，地球環境へと流れこみ，現在みられるような穏和な気候条件を，水の存在とともに，生みだしているのである．

　太陽の表面を形成する光球（photosphere）の温度は，約6000Kであるから，熱核融合反応を通じて，核エネルギーを解放している中心部の温度，約1600万Kからみると，この反応から解放されたエネルギーは，最初は約30MeVに達するほどの大きさである．それはガンマ線なのだが，中心部から光球面にまで輸送される過程で，光球面では，1電子ボルト（eV）以下の可視光のエネルギーにまで，変化してしまっているのである．中心部から光球にまで，核エネルギーが輸送されるのに，約2000万年かかることが，エネルギー輸送論（Theory of Radiative Transfer）から示されている．この結果からも，太陽中心部で稼働している熱核融合反応炉が極めて安定したものであることが，納得できるので

ある．

　現在，ITER を中心に研究がすすめられている熱核融合反応炉の安定した運転には，太陽の内部と似た制御機構が必要だが，この炉内部のプラズマの温度を，太陽の中心部と同様に超高温に保持することは，極めて難しい．その理由は，超高温のプラズマを閉じこめるための装置を金属で作ることが，不可能だからである．金属のどんな物でも溶融してしまって，閉じ込めなどできないからである．そのため，磁気を利用したプラズマの遮蔽効果が検討されている．だが，この効果の保持は非常に難しいので，技術的な面の克服が，最も緊急な研究課題となっているのである．

　自然界に目を向けると，プラズマ加熱に関わった問題の 1 つに，太陽の光球の周囲に広がる超高温のコロナが，いかにして生成されているのかという問題がある．コロナ・ガスの温度は $(1 \sim 2) \times 10^6$ K と，下層に位置する光球やその上空に広がる温度が 10 万 K に達する彩層（chromosphere）に比べて，極端に高い．よく知られているように，熱エネルギーは，温度の高い側から低い側へと伝わるのだから，コロナの温度が，なぜこれほど高いのか，という疑問が生じるのは当然のことである．

　現在までに，コロナ・ガスの加熱機構については，いろいろな仮説やアイデアが提案されているが，これで解決と考えられるものは，いまだに知られていない．コロナ・ガスがこんな超高温の状態であることは，ガスは強く電離（イオン化）されておりプラズマ状態にあることを示している．このような状態にあるコロナ・ガスを加熱する機構の原因として，光球からのエネルギー伝達の可能な過程として考えられるのは，光球面からコロナ中へと広がる黒点群の磁場に沿って伝播する磁気音波や音波のエネルギーの散逸による，コロナ・ガスの加熱である．このような波動の存在については，次章において考察する．

　実際，光球面に観測されるような，小さな球状の泡とも言うべきグラニュール（granule）と呼ばれる対流渦ができては消えているので，磁気音波などの波動が常時生成されている．それらが上層のコロナ中で散逸し，コロナ・ガスの加熱に働いている可能性が，指摘されている．光球面の様子は，実際に図 5-8 に示すように，グラニュールが現れては，消えていっているのである．

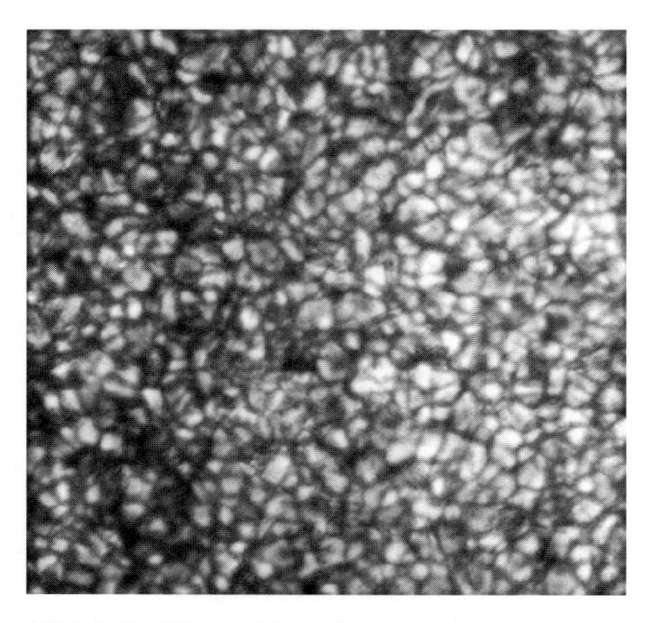

図 5-8 太陽光球面上に観測される粒状斑, グラニュール (granule) と呼ばれる対流渦.
(提供：京都大学飛騨天文台・ドームレス太陽望遠鏡)

　ここで話題を換えて, 地球磁気圏の内部で, 夜側に観測されるプラズマ・シート (図 1-2) が, いかなる機構により形成されるのかについて, 考えてみよう. 以前に, 第 4 章の「磁化プラズマの安定性」についての節で, ごく簡単にふれたことだが, 向きの相反する磁場がプラズマを間に挟んで出会っている状態では, プラズマ中は磁気的にみて中性な形となっており, そこでは, 磁場が消滅してしまっているのである. 実際に, この消滅により失われた磁場のエネルギーが, プラズマの加熱のために失われているのである.

　このような, 磁場のエネルギーがプラズマの熱エネルギーへと変換される機構は, 磁気圏の尾部においてみられるだけでない. 太陽フレアの発生機構にも, 黒点群の上空に伸び広がる磁場が作りだす磁気中性面か中性線に沿って, 生ずる磁場のエネルギーの消滅が機能しているものと考えられている. このような機構は, 超新星爆発の際にも, 有効に機能しているものと推測されている.

　プラズマ加熱の機構について, 自然界に観測されるいろいろな事例を研究す

ることを通じて，この節の最初に述べた熱核融合反応炉の建設に当たっての，大切な研究材料がみつかるのではないか，と期待されている．こう言ったら，言い過ぎであろうか．

第6章

プラズマ内の波動現象

　プラズマと呼ばれる状態では，気体は電離（イオン化）されており，正負の両イオンと電子，それに中性の気体成分から成る混合体である．したがって，プラズマは外部からみたとき，電気的には中性であることは当然である．このような気体中では，正負の両イオンと電子の3者の間には，当然のことだが，静電的な力（電気力）が働き，質量の小さな電子は，正イオンの周囲に引き寄せられる．そのときに生じた加速度運動から，例えば，正イオンの周囲では，電子群の振動的な運動の発生が予想される．だが，気体中の正負の両イオンや中性粒子などとの衝突により，電子の運動は激しく乱され，この振動的な運動も，やがて減衰してしまうものと予想される．本章では以後，プラズマの本質的な理解には支障が生じないので，正イオンと電子の2成分から成るプラズマを取り上げ，その物理的性質を研究していくことにする．

　しかしながら，外部からの力の働きかけがある場合や，外部からプラズマ中へと伝播してくる電磁波やその他の波動運動が存在する場合には，プラズマ中に波動運動に関わったいろいろな現象の起こることが予想される．実際に，太陽風が吹き荒れている太陽圏（Heliosphere），また，地球の磁気圏，木星や土星の周囲に広がる巨大な磁気圏など，私たちに比較的身近なところから，天の川銀河面のアームに沿って広く分布している水素ガスからの電磁放射，また，超新星の残骸やパルサー（pulsar）からの強力な電磁波の放射といった電磁波の放射に関わる波動現象が，至るところで観測されている．これらの多種多様な電磁放射は，地球に届くまでに，宇宙空間に背景となって存在しているプラズマと磁場による影響を受けて，その伝播特性にも，このことが反映されてい

るはずである．

　このような事情を考慮に入れれば，本章で研究するプラズマ内における波動現象は，広大な宇宙の至るところで観測される普遍的な現象であることが，十分に理解されるにちがいない．本章で研究されるのは，したがって，電波天文学（Radio Astronomy）と呼ばれる研究分野と密接な関わりがあることが当然了解されるので，これらの点に注意しながら，プラズマ中で発生するいろいろな電磁波動に関わった現象について，考察していくことにしよう．

◆ 分散関係と磁化プラズマ

　宇宙プラズマ物理学が主な研究対象としているのは，この広大な宇宙の至るところで起こっている磁化プラズマが関わったいろいろな物理現象であることは，言うまでもない．これらの現象の研究にとって必要なことは，それらから送られてくる情報の媒体は何かということである．このことが，これから研究して行こうとしている光や電波，さらに，X線やガンマ（γ）線などの広い周波数帯にわたる電磁波で，宇宙空間から送り届けられたこれらの電磁波の特性に含まれる情報を，詳細に分析することにより，どのような物理過程が起こっているのかが，明らかにできるのである．

　このような研究を可能にするには，送り届けられた電磁波が，宇宙空間をどのように伝播してきたのかについて，その基本的なことがらを，私たちは理解していなければならない．そのためには，電磁波が磁化プラズマ内で，どのように伝わるのかについて，その周波数と伝播特性との間の関係を，まず明らかにしておかなければならない．

　プラズマ状態を作る正イオンや電子は，すでに学んだことから明らかなように，熱運動をしているが，この運動の速さは光速度に比べれば，無視しうるほどに小さいので，考慮に入れなくても，磁化プラズマ中における電磁波の伝播特性を，十分に正しく取り扱うことができる．このようなプラズマを，"冷たいプラズマ（cold plasma）"と呼び慣わしているのである．

　これから，いくつかのイオンと電子とから成るプラズマを取り上げ，それらと電磁波との相互作用について考察し，電磁波の伝播特性を調べてみよう．前

にふれたように，イオンについて，正イオン1種に限る場合は，後にでてくる"i"という記号は，正イオンに対してi=1，電子に対してi=2ととることにより，すべての今後の研究にとって，支障は生じないことを，ここで注意しておこう．

プラズマ内の電流 j は，これらのイオンと電子とから成るので，次式のように表せる．

$$j = \sum_i n_i q_i \boldsymbol{v}_i \tag{6・1}$$

この式で，iはイオンと電子の種類を指定する記号として示してある．nは粒子密度，qは電荷，$\boldsymbol{v}$ は速度を表す．

プラズマ中の電気変位（つまり，電束）を $\boldsymbol{D}$ で表すと，$\boldsymbol{P}$ を誘起された電気分極（electric polarization）としたとき，

$$\boldsymbol{D} = \varepsilon_0 \boldsymbol{E} + \boldsymbol{P} \tag{6・2}$$

と示され，j と $\boldsymbol{P}$ との間には，次式のような関係が成り立つ（ε_0 は真空の誘電率である）．

$$\boldsymbol{j} = \frac{\partial \boldsymbol{P}}{\partial t} \tag{6・3}$$

ここでは，冷めたいプラズマを取り扱っているので，熱運動の存在はない．そこで，例えば，すべての物理量が，$\exp\{i(\boldsymbol{k}\cdot\boldsymbol{r} - \omega t)\}$（$\boldsymbol{k}$ は伝播ベクトル，$\boldsymbol{r}$ は位置ベクトル，ω は角速度（または，角周波数），tは時間）で示したような時間，空間的な変動を受けたと仮定すると，電気分極 j は $\dfrac{\partial \boldsymbol{P}}{\partial t} = -i\omega\boldsymbol{P}$ と表せるので，電気変位 $\boldsymbol{D}$ は，次のようになる．

$$\boldsymbol{D} = \varepsilon_0 \boldsymbol{E} + \frac{i}{\omega} \boldsymbol{j} \equiv \varepsilon_0 \boldsymbol{K} \cdot \boldsymbol{E} \tag{6・4}$$

この式で，$\boldsymbol{K}$ は誘電率テンソル（dielectric tensor）と呼ばれる物理量である．

i番目の荷電粒子の運動は，式（2・1）に示したのと同じで，次式で表される．

$$m_i \frac{d\boldsymbol{v}_i}{dt} = q_i(\boldsymbol{E} + \boldsymbol{v}_i \times \boldsymbol{B}) \tag{6・5}$$

ここでは，磁化プラズマ中における荷電粒子の運動を扱うので，磁場 $\boldsymbol{B}$ に対し

ては，元々あった磁場 B_0 と，電磁波動による成分 B' との和となっている．つまり，$B = B_0 + B'$．したがって，v_i, E, それに B' は1次の微小量であると，考えてよい．このことを考慮し，これら微小量の2次以上の項を無視すると，式 (6·5) は，次式に示すように求まる．

$$-i\omega m_i v_i = q_i(E + v_i \times B_0) \tag{6·6}$$

ここで，デカルト座標系をとり，その Z 軸の方向に B_0 がかかっていたと仮定して，v_i について解くと，次式が導かれる．

$$\left.\begin{array}{l} v_{i,x} = \dfrac{-iE_x}{B_0} \dfrac{\omega_{Hi}}{(\omega^2 - \omega_{Hi}^2)} - \dfrac{E_y}{B_0} \dfrac{\omega_{Hi}^2}{(\omega^2 - \omega_{Hi}^2)} \\[2mm] v_{i,y} = \dfrac{E_x}{B_0} \dfrac{\omega_{Hi}^2}{(\omega^2 - \omega_{Hi}^2)} - \dfrac{iE_y}{B_0} \dfrac{\omega_{Hi}}{\omega^2 - \omega_{Hi}^2} \\[2mm] v_{i,z} = \dfrac{-iE_x}{B_0} \dfrac{\omega_{Hi}}{\omega} \end{array}\right\} \tag{6·7}$$

これらの式にみえている ω_{Hi} は，サイクロトロン周波数 (cyclotron frequency) で，磁場中を荷電粒子が旋回運動する1秒当たりの周回数に当たる．実際には，$\omega = 2\pi f$ と，周波数 f が，この振動の回数を表すのである．旋回運動で，磁場内で1周する時間 T は，$T = \dfrac{1}{f}$ と与えられる．この周波数は

$$\omega_{Hi} = -\frac{q_i B_0}{m_i} \tag{6·8}$$

と与えられる．この式から，電子 (e) では，$\omega_{Hi} > 0$ ($\because q_i = -e$)，正イオンでは，$\omega_{Hi} < 0$ であることが示される．

式 (6·7) の結果を用いて，v_i を E で表し，j について，式 (6·1) の表示を用いると，誘電率テンソルは，式 (6·4) の関係から，次のように表せることがわかる．

$$\boldsymbol{K} \cdot \boldsymbol{E} = \begin{pmatrix} K_\perp & -iK_x & 0 \\ iK_x & K_\perp & 0 \\ 0 & 0 & K_\parallel \end{pmatrix} \begin{pmatrix} E_x \\ E_y \\ E_z \end{pmatrix} \tag{6·9}$$

この式を導くに当たっては，次のような表現を K に対して用いた．

$$K_\perp \equiv 1 - \sum_i \frac{\pi_i^2}{\omega^2 - \omega_{Hi}^2} \tag{6·10}$$

$$K_x \equiv -\sum_i \frac{\pi_i^2}{\omega^2 - \omega_{Hi}^2}\left(\frac{\omega_{Hi}}{\omega}\right) \tag{6・11}$$

$$K_\parallel \equiv 1 - \sum_i \frac{\pi_i^2}{\omega^2} \tag{6・12}$$

$$\pi_i \equiv \frac{n_i q_i}{\varepsilon_0 m_i} \tag{6・13}$$

これらの式から出発して，電磁波動の伝播の取り扱いにおいて便利となる2つの表示式，RとLを次のように定義する．

$$R \equiv 1 - \sum_i \frac{\pi_i^2}{\omega^2}\left(\frac{\omega}{\omega - \omega_{Hi}}\right) = K_\perp + K_x \tag{6・14}$$

$$L \equiv 1 - \sum_i \frac{\pi_i^2}{\omega^2}\left(\frac{\omega}{\omega + \omega_{Hi}}\right) = K_\perp - K_x \tag{6・15}$$

ここで，電磁波動の伝播を取り扱うために，以前に用いたマクスウェルの基礎方程式に対し，先に用いた時間・空間的な変化を，電場と磁場に適用すると，

$$\left.\begin{aligned} \nabla \times \boldsymbol{E} &= -\frac{\partial \boldsymbol{B}}{\partial t} \quad \rightarrow \quad \boldsymbol{k} \times \boldsymbol{E} = \omega \boldsymbol{B} \\ \nabla \times \boldsymbol{H} &= \boldsymbol{j} + \varepsilon_0 \frac{\partial \boldsymbol{E}}{\partial t}\left(=\frac{\partial \boldsymbol{D}}{\partial t}\right) \quad \rightarrow \quad \boldsymbol{k} \times \boldsymbol{H} = -\omega \varepsilon_0 \boldsymbol{K} \cdot \boldsymbol{E} \end{aligned}\right\} \tag{6・16}$$

と矢印で示した形の式が求められる．ここで，$\boldsymbol{B} = \mu \boldsymbol{H}$，ただし，$\mu$ は透磁率である．これら2つの式から，次式が導かれる．この式に現れるcは光速度を表す．

$$\boldsymbol{k} \times (\boldsymbol{k} \times \boldsymbol{E}) + \frac{\omega^2}{c^2} \boldsymbol{K} \cdot \boldsymbol{E} = 0 \tag{6・17}$$

この式について，

$$\boldsymbol{N} \equiv \frac{\boldsymbol{k} \cdot c}{\omega} \tag{6・18}$$

という無次元ベクトルを定義して，式（6・17）を変型すると，

$$\boldsymbol{N} \times (\boldsymbol{N} \times \boldsymbol{E}) + \boldsymbol{K} \cdot \boldsymbol{E} = 0 \tag{6・19}$$

という結果が導かれる．ここで，図6-1に示すように，波動の伝播ベクトル $\boldsymbol{k}$ を（y・z）平面内に取り，このベクトルとz軸とのなす角を θ で表すと，式（6・19）

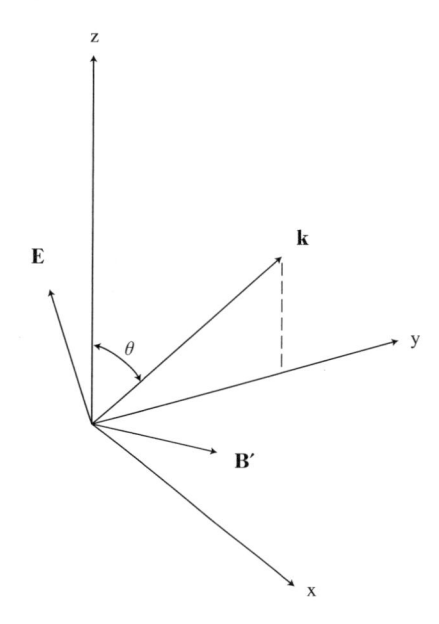

図 6-1 プラズマ内に発生した電場,磁場を扱う際の座標系.

は,次式のように変型できる.

$$\begin{pmatrix} K_\perp - N^2 & -iK_x & 0 \\ iK_x & K_\perp - N^2\cos^2\theta & N^2\sin\theta\cos\theta \\ 0 & N^2\sin\theta\cos\theta & K_\parallel - N^2\sin\theta \end{pmatrix} \begin{pmatrix} E_x \\ E_y \\ E_z \end{pmatrix} = 0 \qquad (6\cdot 20)$$

この式から,E が 0 でない解が存在するためには,上式の行列式で,そのデターミナントが 0 でなければならないから,上式より,伝播ベクトル k と角周波数 ω との間の関係が決まる.計算を行なうと,

$$AN^4 + BN^2 + C = 0 \qquad (6\cdot 21)$$

という式が求まるが,A, B, C は,それぞれ以下に示すようになっている.

$A = K_\perp^2 \sin^2\theta + K_\parallel \cos^2\theta$

$B = (K_\perp^2 - K_x^2)\sin^2\theta + K_\parallel K_\perp (1 + \cos^2\theta)$

$C = K_\parallel (K_\perp^2 - K_x^2) = K_\parallel RL$

上式 (6・21) により,伝播ベクトル k と角周波数 ω との関係を表す式が求めら

れるが，これが実は，分散関係（dispersion relation）を表す式なのである．

式 (6・21) の解を N^2 に対して求めると，次の式がえられる．

$$N^2 = \frac{-B \pm \sqrt{B^2-4AC}}{2A}$$

$$= \frac{(K_\perp^2-K_\parallel^2)\sin^2\theta + K_\parallel K_\perp(1+\cos^2\theta)}{2(K_\perp\sin^2\theta + K_\parallel\cos^2\theta)}$$
$$\pm \frac{((K_\perp^2-K_x^2-K_\parallel K_\perp)^2\sin^2\theta + 4K_\parallel^2 K_x^2\cos^2\theta)^{1/2}}{2(K_\perp\sin^2\theta + K_\parallel\cos^2\theta)}$$
(6・22)

この式は，N^2 の一般解を与えるが，例えば，電磁波動が Z 軸の方向に伝播する場合を取り上げると，$\theta=0$ の場合に当たるから，上式において，$\theta=0$ ととると，下記のような式が求まる．

$$K_\parallel(N^4 - 2K_\perp N^2 + (K_\perp^2 - K_x^2)) = 0 \tag{6・23}$$

この式から，次に示すような 3 つの解のあることがわかる．

$$\left.\begin{array}{l} K_\parallel = 0 \\ N^2 = K_\perp + K_x = R \\ N^2 = K_\perp - K_x = L \end{array}\right\} \tag{6・24}$$

また，$\theta=\dfrac{\pi}{2}$，言い換えれば，磁場 B_0 に対し，垂直方向に伝播する波動に対しては，下記のような式が成り立つ．

$$K_\perp N^4 - (K_\perp^2 - K_x^2 + K_\parallel K_\perp)N^2 + K_\parallel(K_\perp^2 - K_x^2) = 0 \tag{6・25}$$

この式を，N^2 について解くと，分散関係を示す式が，2 つ求まる．

$$\left.\begin{array}{l} N^2 = \dfrac{K_\perp^2 - K_x^2}{K_\perp^2} = \dfrac{RL}{K_\perp} \\ N^2 = K_\parallel \end{array}\right\} \tag{6・26}$$

ここで，伝播する電磁波動についてみるために，式 (6・20) における粒子運動の x 成分を求めると，次式が求まる．

$$(K_\perp^2 - N^2)E_x - iK_x E_y = 0$$

これから，電場の E_x，E_y 両成分の間の関係が，次に示すように求まる．

$$\frac{iE_x}{E_y} = \frac{K_x}{N^2 - K_\perp} \tag{6・27}$$

この式から，$\theta=0$ において，$N^2=R$ を満たす波動に対しては，$\dfrac{iE_x}{E_y}=1$ となる．

したがって，波動は円偏光（circular polarization）で，右回り，つまり，磁場中の電子の運動における旋回方向と一致する．また，$\theta = \frac{\pi}{2}$ の場合に，$N^2 = L$ を満足する波動は，$\frac{iE_x}{E_y} = -1$ で，こちらは左回りで，正イオンの旋回方向に一致することから，左回りの偏光を示すことがわかる．

このようなわけで，磁力線の方向（$\theta = 0$ ということ）に伝播する波動では，$N^2 = R$ と表されることから，R波（右回り偏波）と呼ばれ，$N^2 = L$ を満たす波動はL波と呼ばれるのである．Rは right を，Lは left のそれぞれ頭文字として，予めとっておいたのであった．

伝播する方向が，磁場に垂直（$\theta = \frac{\pi}{2}$）の場合には，$N^2 = K_{\parallel}$ を満たす波動に対しては $E_x = E_y = 0$，$E_z \neq 0$ となる．このことは，この波動が直線偏光していることを示す．また，$N^2 = \frac{RL}{K_{\perp}}$ を満たす波動は，$\frac{iE_x}{E_y} = \frac{-(R+L)}{(R-L)} = -\frac{K_{\perp}}{K_x}$ で，$E_z = 0$ となる．また，θ を $\frac{\pi}{2}$ に近づけたときに，$N^2 = K_{\parallel}$ となる波動を正常波（ordinary wave）と呼び，$N^2 = \frac{RL}{K_{\perp}}$ となる波動を異常波（extraordinary wave）と呼ぶ．$\theta = \frac{\pi}{2}$ のとき，異常波の電場成分は，磁場の向きに垂直であるが，他方，正常波の電場は磁場の向きと平行となる．

先にみたR波，L波，正常波，異常波の4つの波動のほかに，$\theta = 0$ と $\theta = \frac{\pi}{2}$ の間では，位相速度 $\left(\frac{\omega}{|\boldsymbol{k}|}\right)$ の大小によって，速進波（fast wave）と遅進波（slow wave）の区別が生じることを，ここで注意しておこう．

分散関係式（6・24）において，$N^2 = 0$ となる場合には，波動の位相速度は，$\frac{\omega}{|\boldsymbol{k}|} = \frac{C}{N}$ となるので，無限大となる．このことは，波動の伝播が不可能となることを示しているので，切断（カットオフ，cutoff）と呼ぶ．このとき，$K_{\parallel} = 0$，または，$R = 0$ か $L = 0$ となる．他方，$N^2 = \infty$ のときは，共鳴（resonance）と呼ぶが，このとき，位相速度は0となる．共鳴の条件は，

$$\tan^2 \theta = -\frac{K_{\parallel}}{K_{\perp}} \tag{6・28}$$

である．$\theta = 0$ のときには，$K_{\perp} = \frac{(R+L)}{2} \to \pm \infty$ となるが，これが共鳴条件で，$R = \pm \infty$ のとき，ω が正ならば，$\omega = \omega_{He}$（eは電子）となる．この状態を，電

子サイクロトロン共鳴（electron cyclotron resonance）と呼ぶ．また，L→±∞のときには，ωが正で，ω=|ω_Hi|（iはイオン）で，イオンサイクロトロン共鳴（ion cyclotron resonance）と呼ぶ．

$\theta = \frac{\pi}{2}$ のときには，$K_\perp = 0$が共鳴条件で，この共鳴はハイブリッド共鳴（hybrid resonance）と呼ばれる．波動が伝播する際，屈折率（N^2）が，カットオフの領域に近づいたとき，波動の伝播経路が曲げられ，カットオフの条件が成り立つところでは，波動は反射されてしまう．屈折率が無限大となる領域では，位相速度は0に近づき，波動のエネルギーはプラズマにより吸収されて，伝わらなくなってしまうのである．

◆ プラズマ振動と静電波（Electrostatic Wave）

プラズマ内で，電磁波動以外に，時間とともに振動する電気的に変化する現象が存在し，それをプラズマ振動（plasma oscillation）と呼ぶよう提案されたのは，1951年のことであった．量子力学の基礎に関する研究で有名なデーヴィッド・ボーム（D. Bohm）と，その協力者であるパインズ（D. Pines）の2人によるもので，プラズマ中の電子の集団運動（collective motion）に関する研究であった．

プラズマ中の電子が集団的に振動するのだが，このとき，電子とイオンの間に生じた電場は，電磁波動のように磁場成分を伴わず，プラズマ内の電子の集団運動をひき起こしていたのであった．このプラズマ中で発生した電場の振動は，この電場が，ポテンシャルϕから誘導されることから，縦振動（longitudinal oscillation）を生じるので，電磁波動とは本来，性質の異なったものであった．

このポテンシャルϕと電場との間には，次のような関係が成り立っている．電場をEと表すと，次のように表現できる．

$$E = -\nabla \phi = -i\mathbf{k} \cdot \phi \tag{6・29}$$

この式では，電場の変動が，$\exp(i(\mathbf{k} \cdot \mathbf{r} - \omega t))$と表されると，前節の場合と同様に仮定されている．このような波動を静電波（electrostatic wave）と呼ぶのである．この場合，電場Eは伝播ベクトル$\mathbf{k}$に平行なので，縦波となるために，磁場B'に当たる成分は存在しない．したがって，

$$B' = k \times \frac{E}{\omega} = 0 \qquad (6\cdot30)$$

このとき，分散関係がどうなっているかというと，次式のように表される．

$$N \times (N \times E) + K \cdot E = 0$$

この式に，スカラー的に N を掛けると，k に平行と垂直の E の2つの成分をそれぞれ $E_\parallel$，$E_\perp$ としたとき，次式がえられる．

$$N \cdot K(E_\parallel + E_\perp) = 0$$

ここで，$|E_\parallel| \gg |E_\perp|$ が成り立つと仮定すると，次式

$$N \cdot KN = 0 \qquad (6\cdot31)$$

がえられるから，この式から分散関係を求めると，次のように示される．

$$(N^2 - K) \cdot E_\perp = K \cdot E_\parallel$$

ここで，すべての K_{ij} について，$|N^2| \gg |K_{ij}|$ が成り立っているとしたら，$|E_\parallel| \gg |E_\perp|$ となるので，静電波に対する分散関係を示す式が求められる．K_{ij} については，式（6・23）から導かれるが，プラズマを構成する正イオンや電子の熱運動が，静電波の形成に効果的に働く．そのため，静電波の理論的な取り扱いに当たっては，前節で考察したような冷たいプラズマではなく，"熱いプラズマ（warm plasma）" 内における電磁的な擾乱について，研究しなければならないのである．

◆ 電磁流体波と磁気音波

磁化プラズマ内における電磁波動の特性については，前2節で考察した．従来，全然考慮の対象とならなかった波動の存在が，1942年にアルフヴェン（H. Alfvén）により，初めて理論的に示された．彼が初めてこの波動の存在についての研究論文を発表したとき，研究者の多くは，その研究結果を信用しなかったどころか，彼を狂人扱いしたとのことであった．

現在では，この波動は，彼の名前を冠してアルフヴェン波（Alfvén wave）と呼ばれているが，この波動の存在の予言が，1970年のノーベル物理学賞につながったという歴史的事実には，ある種の皮肉が感じられてならない．

前々節の「分散関係と磁化プラズマ」において求めた誘電率テンソル K にお

いて，波動の角周波数（ω）が，イオンのサイクロトロン周波数$|\omega_{Hi}|$に比べて十分に小さい（$\omega \ll |\omega_{Hi}|$）場合には，このテンソルは簡略化されて，次の3式で表されることがある．

$$\left.\begin{array}{l} K_\perp = 1 + \dfrac{\mu_0 n_i m_i c^2}{B_0^2} = 1+\delta \\ K_x = 0 \\ K_\parallel = 1 - \dfrac{\pi_e^2}{\omega^2} \end{array}\right\} \quad (6\cdot32)$$

式中にでてきたμ_0は，真空中の透磁率である．ここで，$\delta = \dfrac{\mu_0 n_i m_i c^2}{B_0^2}$とおいた．

式（6・32）で，$\dfrac{\pi_e^2}{\omega^2} = \left(\dfrac{m_i}{m_e}\right)\left(\dfrac{\omega_{Hi}^2}{\omega^2}\right)\delta$ ととれるから，$\dfrac{\pi_e^2}{\omega^2} \gg 1$であることがわかる．

$\dfrac{\pi_e^2}{\omega^2} \gg 1$と仮定すると，$\dfrac{|K_\parallel|}{|K_\perp|} \gg 1$と近似的になるので，前に導いたA，B，Cはそれぞれ，次のように近似できる．

$$A \approx -\frac{\pi_e^2}{\omega^2} \cos^2\theta$$

$$B \approx -\frac{\pi_e^2}{\omega^2}(1+\delta)(1+\cos^2\theta)$$

$$C \approx -\frac{\pi_e^2}{\omega^2}(1+\delta)^2$$

これらの結果を用いると，波動の位相速度$\left(\dfrac{\omega}{k}\right)$については，次式に示すような結果が求まる．

$$\left(\frac{\omega}{k}\right)^2 = \left(\frac{c}{N}\right)^2 = \frac{c^2}{1+\delta} = \frac{c^2}{1+\dfrac{\mu_0 \rho_i c^2}{B_0^2}} \approx \frac{B_0^2}{\mu_0 \rho_i} \quad (6\cdot33)$$

この式では，質量密度ρ_iは$\rho_i = n_i m_i$と表されている．この分散式を満足させる波動が，アルフヴェン波（Alfvén wave）である．この波動の速さをv_Aとおくと，

$$v_A^2 = \frac{c^2}{1+\delta} \simeq \frac{B_0^2}{\mu_0 \rho_i} \quad (6\cdot34)$$

とおけるが，これがアルフヴェン波の速さを与えるのである．

この波動のほかに，2つのモードの磁気音波（magnetoacoustic wave）の存在が，流体力学的な乱れについての理論から導かれるので，磁化プラズマ中における超低周波の電磁波動には，アルフヴェン波を含め，3種のモードの存在することが示される．電磁流体力学的な運動の方程式（Somovの著書を参照してほしい．文献解題に示してある）から導かれる分散関係式は，$\omega_0 = \omega - \boldsymbol{k} \cdot \boldsymbol{u}$ とおくと，次式が求められる．

$$\omega_0^2 [\omega_0^2 - (\boldsymbol{k} \cdot \boldsymbol{u})^2] \\ \times [\omega_0^4 - k^2(V_s^2 + v^2)\omega_0^2 + k^2 V_s^2 (\boldsymbol{k} \cdot \boldsymbol{u})^2] = 0 \qquad (6 \cdot 35)$$

この式で，$V_s = \left(\dfrac{\partial P}{\partial \rho}\right)^{\frac{1}{2}}$ は音速を与える．また，$\boldsymbol{u} = \dfrac{\boldsymbol{B}}{\sqrt{\rho_0}}$ である．ρ_0 はプラズマ密度であり，先にみたように $|\boldsymbol{u}|$ は，アルフヴェン波を表す．

上式（6・35）を導くには，すでに何回か前にでてきている電磁流体の運動方程式（3・5），マクスウェルの方程式，プラズマ密度と流れに対する2つの連続の式，それにエネルギー輸送の方程式の5つから成る．これらの式に対して，それぞれの物理量の微小変位を求め，それから分散関係についての式を求めればよい．その結果が，式（6・35）なのである．

式（6・35）は，アルフヴェン波のほかに，速さの異なる2つの磁気音波（magneto-acoustic wave）が，磁化プラズマ中を伝播することを示している．この分散関係の導出に当たっては，このプラズマの電気伝導度を，無限大（∞）だと仮定しているので，磁場はプラズマに凍結（frozen-in）されており，これら3つの波動は，磁力線の時間的・空間的な変動から成るのである．

式（6・35）を解くことにより，求められた3つの波動の伝播特性について，アルフヴェン波と音波の両者の速さの大小に応じて，2つの異なる場合があることを，図6-2に示しておく．

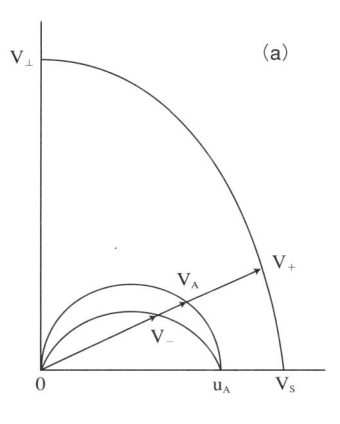

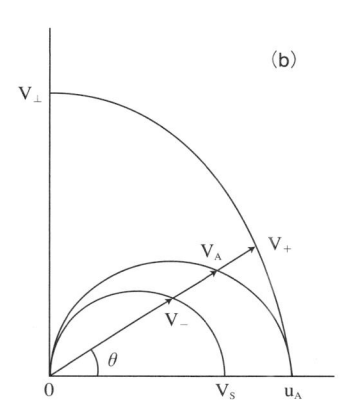

(a) $V_A < V_S$ の場合
(b) $V_A > V_S$ の場合

図6-2 磁化プラズマ中におけるアルフヴェン波，磁気音波の伝播特性
(V_A：アルフヴェン波，V_S：音波)
(a) $V_A < V_S$ の場合
(b) $V_A > V_S$ の場合

◆ 荷電粒子と波動との相互作用

　プラズマ状態を構成する正イオンや電子は，一般的に言うならば，相互に電気力が働いており，ときに接近したり，また，衝突する場合もある．このような接近や衝突をくり返していると，遂には，正イオンと電子の間では，運動エネルギーが平均してみたときに，ほぼ等しくなってしまうものと推測される．このような状態にあるエネルギーは熱運動（thermal motion）のエネルギーとも呼ばれている．正イオンと電子のこのエネルギーは平均的には等しく，プラズマの温度に比例することが，気体の運動学的な理論から示されている．また，プラズマ中の正イオンや電子の運動速度は，平均的に，マクスウェル・ボルツマンの速度分布則にしたがうことが，やはり理論的に示されている．（詳細は，付録1を参照してほしい）

　このように，プラズマを構成する正イオンや電子が，ある速度分布則にしたがって存在している状態のところへ，例えば，電磁波が伝播して侵入していったときに，どのようなことが起こるのであろうか．熱運動のエネルギーのとこ

ろに，プラズマを構成する粒子群の数は最も多いと考えられるので，侵入して来た電磁波動の速度が，この熱運動の速さより大きかった場合には，電磁波動のエネルギーがプラズマに与えられ，プラズマの温度が増加するはずである．このことは電磁波動のエネルギーが失われることを意味している．電磁波動のエネルギーの減衰が起こるのである．

　プラズマ中へと伝播してきた静電波動が，プラズマとの相互作用を通じて減衰する機構のひとつに，ランダウ（L.D. Landau）によって初めて理論的に扱われた静電波動のエネルギーの減衰機構がある．現在，彼の名前を冠して，ランダウ減衰（Landau damping）と呼んでいる．この減衰が，どのような方法で，理論的に示されたのかについて，またその機構がいかなるものかに関して，これから研究することにしよう．

　ランダウ減衰の機構については，ていねいで詳しい理論的な取り扱い方が，スティックス（T.H. Stix）によって示されている．ここでは，その手法にしたがって，この機構について説明していくことにする（出典については，文献解題の項を参照）．

　磁化プラズマを取り扱うのだが，ここでは，磁力線に沿っていろいろな速度v_0で荷電粒子群が，ドリフト運動をしていると仮定する．そうして，静電波が磁力線に平行に伝播していると仮定をさらにするのだが，このとき，この速度が，荷電粒子群の多くのドリフト速度と同じ程度だと，想定することにする．

　磁力線の方向をz軸にとり，この方向の単位ベクトルを$\hat{z}$ととると，$\boldsymbol{v}=v\hat{z}$のように示される．電場$\boldsymbol{E}$は，次のようにとれる．

$$\boldsymbol{E}=\hat{z}E\cos(kz-\omega t) \tag{6·37}$$

この電場は，位相速度$\dfrac{\omega}{k}$で伝わると仮定してある．したがって，荷電粒子の運動は，次式のように示される．

$$m\frac{dv}{dt}=eE\cos(kz-\omega t) \tag{6·38}$$

この式で，mは粒子の質量，eは電荷である．Eの大きさが小さいと仮定すると，上式の0次の近似解は

$$z=v_0 t+z_0$$

ととれる．z_0 は時間 $t=0$ のときの位置である．次いで，1次の解を，式 (6·38) から求めると，そのための方程式がえられる．

$$m\frac{dv_1}{dt}=eE\cos(k(z_0-v_0t)-\omega t) \tag{6·39}$$

この式において，簡単のために $t=0$ のとき，$v_1=0$ ととると，次のような解が求まる．

$$v_1=\frac{eE}{m}\frac{\sin(k(z_0+v_0t)-\omega t)-\sin kz_0}{kv_0-\omega} \tag{6·40}$$

ここで，荷電粒子の運動エネルギーの変化について計算するのだが，この変化は

$$\frac{d}{dt}\left(\frac{mv^2}{2}\right)=v\frac{d(mv)}{dt}=v_1\frac{d}{dt}(mv_1)+v_0\frac{d}{dt}(mv_0)+\cdots \tag{6·41}$$

となる．ここで2つの式 (6·39) と (6·40) から，$z_1=\int_0^t v_1 dt$ を求めると，

$$z_1=\int_0^t v_1 dt=\frac{eE}{m}\left\{\frac{-\cos(k_0z+\alpha t)+\cos kz_0}{\alpha^2}-\frac{t\sin kz_0}{\alpha}\right\} \tag{6·42}$$

がえられる．ただし，$\alpha=kv_0-\omega$ である．この式を用いて，式 (6·41) の計算を行なうと，次のようになる．

$$\frac{d}{dt}\left(\frac{mv^2}{2}\right)=\frac{e^2E^2}{m}\left\{\frac{\sin(kz_0+\alpha t)-\sin kz_0}{\alpha}\right\}\cos(kz_0+\alpha t)$$

$$+\frac{kv_0 e^2 E^2}{m}\left\{\frac{-\cos(kz_0+\alpha t)+\cos kz_0}{\alpha^2}-\frac{t\sin kz_0}{\alpha}\right\}\times$$

$$(-\sin kz_0+\alpha t) \tag{6·43}$$

この結果を，初期位置 z_0 について平均すると，次の結果が導かれる．

$$\left\langle\frac{d}{dt}\left(\frac{mv^2}{2}\right)\right\rangle_{z=z_0}=\frac{e^2E^2}{2m}\left(\frac{-\omega\sin\alpha t}{\alpha^2}+t\cos\alpha t+\frac{\omega t\cos t}{\alpha}\right) \tag{6·44}$$

式 (6·44) に対し，速度 v_0 の分布関数を用いて平均すると，荷電粒子が波動から与えられるエネルギーの時間的な変化の割合を，計算することができる．分布関数 $f(v_0)$ は $\alpha\equiv kv_0-\omega$ より

$$f(v_0)=f\left(\frac{\alpha+\omega}{k}\right)\equiv g(\alpha) \tag{6・45}$$

とおけるから,$f(v_0)$ を規格化し,主値だけをとることにすると,

$$\int_{-\infty}^{\infty}f(v_0)dv_0=\frac{1}{|k|}\int_{-\infty}^{\infty}g(\alpha)d\alpha=1$$

となる.さらに,

$$\frac{1}{|k|}\int_{-\infty}^{\infty}g(\alpha)t\cos\alpha t\, d\alpha=\frac{1}{|k|}\int_{-\infty}^{\infty}g\left(\frac{x}{t}\right)\cos x\, dx \tag{6・46}$$

が求まるが,$t\to\infty$ としたとき,この積分は 0 に近づく.また,

$$\frac{\omega}{|k|}\int_{-\infty}^{\infty}\frac{g(\alpha)t\cos\alpha t}{\alpha}d\alpha=\frac{\omega}{|k|}\int_{-\infty}^{\infty}\frac{t}{x}g\left(\frac{x}{t}\right)\cos x\, dx \tag{6・47}$$

となるから,式 (6・44) は,

$$\frac{d}{dt}\left(\frac{mv^2}{2}\right)_{z_0,v_0}=-\frac{\omega e^2 E^2}{2m|k|}P\int_{-\infty}^{\infty}\frac{g(\alpha)\sin\alpha t}{\alpha^2}d\alpha \tag{6・48}$$

となる.ここで,P は積分の主部(principal part)をとることを意味する.積分値(主部)へ効くのは,$\alpha=0$ の近傍からなので,$g(\alpha)$ を $\alpha=0$ の中心に展開すると,次式のようになる.

$$g(\alpha)=g(0)+\alpha g'(0)+\frac{\alpha^2}{2}g''(0)+\cdots\quad (\text{"′" は微分記号})$$

$\dfrac{\sin\alpha t}{\alpha^2}$ は奇関数なので,上式の第 3 項が残るから,大きな t の値に対しては,次式がえられる.

$$\left\langle\frac{d}{dt}\left(\frac{mv^2}{2}\right)\right\rangle=\frac{-\omega^2 e^2 E^2}{2m|k|}\int_{-\infty}^{\infty}\frac{g'(0)\sin\omega t}{\alpha}d\alpha$$

$$=\frac{-\pi e^2 E^2}{2m|k|}\left(\frac{\omega}{k}\right)\left(\frac{\partial f(v_0)}{\partial v_0}\right)_{v_0=\omega/k} \tag{6・49}$$

この結果から,以下に示すようなことがわかる.

波動の位相速度より少しだけ遅い速度の荷電粒子の数が,ごく僅かだが,速い速度の粒子の数より多ければ,言い換えれば,$v_0\dfrac{\partial f(v_0)}{\partial v_0}<0$ ならば,粒子群は波動からエネルギーを受け取るので,波動は減衰する.これと逆に,

6章 プラズマ内の波動現象

粒子群の速度分布

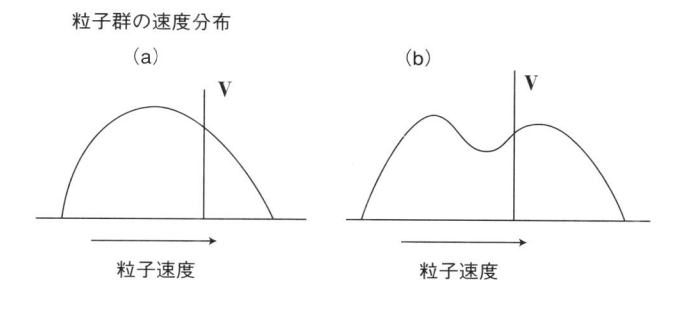

(a) (b)

V：波動の速度

(a) 波動のエネルギー　　粒子に与えられる
(b) 粒子エネルギー　　　波動に与えられる

図 6-3　プラズマ中を伝播する静電波動のエネルギーは，プラズマを形成する電子群の速度分布により，減衰（danping）したり，増幅（anplificaiton）されたりする．

$v_0 \dfrac{\partial f(v_0)}{\partial v_0} > 0$ の場合には，粒子群は波動にエネルギーを与え，波動の振幅は増大する．このような波動と荷電粒子群との関係を，ランダウ減衰（Landau damping），あるいは，増幅（amplification）と呼んでいるのである．

この波動の減衰および増幅について，それらの様子を，荷電粒子の速度分布について，それぞれ描いてみると，図 6-3 に示すようになる．減衰の場合は，波動の位相速度の付近で，荷電粒子群の速度分布の勾配が，負になっているのである．速度に対し，マクスウェル・ボルツマン分布をしている電離気体を，この減衰機構を通じて加熱するには，この分布の平均速度，つまり，熱運動の速度より位相速度の大きな静電波，または電磁波を照射することが，有効であるとわかる．

電磁波動が伝播中に減衰する機構には，このほかに，サイクロトロン共鳴による減衰ほかがあることを，ここで注意しておく．

◆ プラズマからの電磁放射

プラズマ自体は，その温度によって決まる電磁放射を，外部の空間へ向けて常時行なっている．この放射は瞬時も休むことなく起こっており，プラズマに

加熱機構が働いていないならば，プラズマの温度が周囲の温度と等しくなった時点で，両者は平衡に達する．それまでは，周囲の空間へ向けてなされる電磁放射の強さは，単位面積当たり σT^4 で与えられる．この式で，σ はステファン・ボルツマン定数で，ほぼ 1.38×10^{-23} J/K（J はジュール，K は絶対温度の単位）．T は絶対温度を表す．この温度の 4 乗で，プラズマの表面からあらゆる方向に向けて放射されていくのが，熱放射，または，この放射機構を解明した人に因んで，プランク放射と呼ぶのである．ときには，温度によって決まってしまうので，温度放射と呼ぶこともある．

太陽やほかの星々のように遠くに位置する天体が，常時送り届けてきている光のエネルギー量は，これらの天体の大気がもつ温度によって，おおよそ決まってしまう．太陽から地球に届くこのエネルギー量の測定から，太陽大気の温度（等価温度という）は 5782K と見積もられている．20 世紀初めに，アボット（C. Abbot）が測定し，このエネルギー量がほとんど変化していなかったので，太陽定数（Solar Constant）と命名した．実際に，過去 150 年ほどの間に，太陽の明るさは，ほぼ 0.2 パーセントだけ増加しただけである．この期間を通じて，明るさが少しずつ増してきていたのであった．この増加の割合は非常に小さく，太陽の明るさの変化は，地球環境の物理状態に変化をひき起こすに足るほどには達していないことが，明らかである．

このようなわけで，地球環境に起こり，現在すすんでいると言われる気候の温暖化の原因を，太陽の明るさの長期的な変化に求めることはできない．しかしながら，他方で，太陽が地球環境に，現在みられるような状態を作りだす最も重要な役割を果たしているのは，当然のことである．

ところで，よく知られているように，太陽面上には，黒点群がしばしば出現し，そこには強い磁場が常に伴っている．この磁場は時間的，空間的に激しい変化をひき起こしていることが，知られている．この磁場の短い時間にわたる急激な変化は，そこに存在するプラズマの一部を激しく加速し，その中で加速された電子群は，いろいろと特徴の異なる電波を突発的に放射する場合が，図 6-4 に示すように，しばしば観測される．

黒点群の磁場に捉えられている加速された電子群は，そこでまず，連続スペ

クトルを示すマイクロ波帯の電波（M.W. で示す）を突発的に（バースト的ということ）放射する．すでに研究したことだが，これらの電子群は磁力線に捉えられながら，激しいらせん運動を行ないつつ，周囲の空間へ向けて，マイクロ波帯からメートル波帯にわたる広い周波数帯域の電波を放射する．太陽の自転に伴って，黒点群も移動していくので，黒点群の上空に形成されている電波の放射源も移動していく．この半ば定在的に放射される電波はⅠ型電波バーストと呼ばれている．

また，フレアに伴って加速された高エネルギーの電子群は，広い周波数帯域にわたって放射されるⅣ型電波バースト（Type Ⅳ radio burst）と呼ばれる突発的に開始する電波放射を行なう．電波放射の機構は，シンクロトロン放射と呼ばれるものに同定されることが，明らかにされている（第2章を参照されたい）．太陽からは，これらのほかに，Ⅱ，Ⅲ，Ⅴと分類される電波バーストがしばしば，太陽フレアに伴って放射されることも，電波観測から明らかにされている．これら諸種の電波バーストの周波数対時間特性について，図6-4に示し

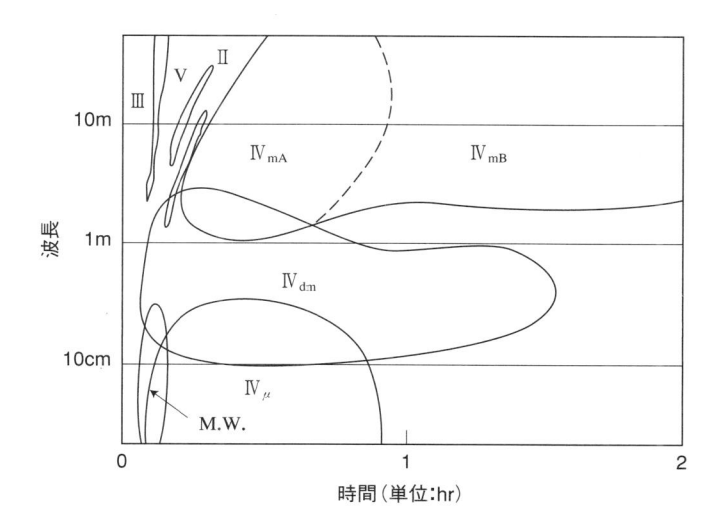

図6-4 太陽フレアに伴って放射される電波バースト（Ⅱ，Ⅲ，Ⅳ）（典型的な場合を示す）縦軸は周波数，横軸はフレアからの時間）電波放射には，このほかにⅠ型とⅤ型とがある．

ておこう．

　身近な太陽面上の高エネルギー現象に比べて，遥かに規模の大きいことが知られているのが，超新星爆発に伴う高エネルギー現象である．可視光からさらに波長の短い紫外線，X線，次いでガンマ（γ）線と広い波長範囲にわたる電磁放射が，広帯域にわたる電波放射まで含めて，放射されるのである．1987年2月23日に，大マゼラン雲中で発生が観測された"1987a"と命名された超新星からは，このような電磁放射のほかに，電子ニュートリノも大量に生成されていたことが，観測から明らかにされている．

　超新星爆発に伴って，周囲の空間へと急激に膨張していく磁気を帯びた超高温のプラズマから成るガス雲からは，X線とガンマ線，それに広い周波数帯域にわたる電波が，強力に放射される．強い磁気を帯びた星々やパルサーのように活発に活動している天体からは，これらの天体の周囲に広がって分布する磁化プラズマからの強力な電磁放射が起こっている．これらの放射は，直接観測から，明らかにされているのである．

　今まで展望してきたことがらに関連した電磁放射のほとんどすべてに，高エネルギー電子と磁場との相互作用が絡んでいる．これらの高エネルギー電子は，第5章で研究したような加速機構のどれかに関わって生成されていることが，多くの研究者により示されている．これらの高エネルギー電子と磁場との相互作用を通じて放射される種々の電磁放射は，この宇宙に遍在する磁化プラズマから常に観測されている．この宇宙空間の至るところで，広帯域にわたる電磁放射が観測されるのは，電子や陽子をはじめとした荷電粒子の集団が，現在も常時，加速・生成されているからなのである．

tips　太陽のエネルギー源とニュートリノ

　日食観測用につくられたメガネ（グラス）により，太陽を眺めてみると，まん丸い形の太陽が目に入る．これが光球（photosphere）で，円盤状に見えるが，実は球体で，直径が約140万kmもある．光球の温度は約6000Kもある．私たちから1億5000万kmと遠いところにあるので，こんなに小

さな円盤にみえるのである．

　今みたように，太陽は約6000Kの高温で，可視光を中心とした電磁放射を四方八方に，瞬時も休むことなく放射している．この放射エネルギーの総量は，約3.83×10^{26}W（ワット）（= J/s：J：ジュール，s：秒）もあり，このエネルギーを，誕生以来，太陽はずっと放射し続けてきたものと想定されている．これだけのエネルギーを毎秒放射するには，その中心部で，太陽は大量に存在する水素核（陽子）4個の融合反応によるヘリウム核1個が生成して供給している．こんなわけで，中心部では，1秒間に約6億4500万トンの水素核が，ヘリウム核の合成に消費されているのである．

　太陽の総質量は約2×10^{27}トンもあるので，先にみたように，私たちにとっては，大量の水素核の消費も，太陽の場合には，少なくとも100億年にわたって，この融合反応を維持していくことができるのである．太陽は誕生以来，46億年ほど経過しているので，現在の太陽は人生に例えれば，働きざかりの中年ということになろうか．

　中心部ですすむ水素核（陽子）同士の融合反応により，ヘリウム核が合成されるのだが，その際の副産物として，大量の電子ニュートリノ（ν_e）が創生される．このニュートリノの生成率を地球において観測し，このような融合反応が実際に，太陽の中心部で起こっているのかどうかについて，検証を試みる測定事業を計画して実施し，この反応の効率を測定したのが，レイ・デーヴィス（R. Davis）であった．また，この融合反応から，毎秒生成される電子ニュートリノ（ν_e）の数を，理論的に詳しく計算し，その数値を測定結果と比較することを，可能にしたのが，ジョン・バコール（J.N. Bahcall）であった．

　デーヴィスによる測定結果と，バコールの計算結果との間には，3倍ほどの開きがあり，これが"太陽ニュートリノ問題（Solar Neutrino Problem）として，大きな謎とされてきたが，存在が確認された3種のニュートリノ（ν_e, ν_μ, ν_τ）間の振動現象（oscillation phenomenon）を通じて解読されてしまった（ν_μ, ν_τはそれぞれミュー・ニュートリノ，タウ・ニュートリノ）．太陽から飛んでくる間に電子ニュートリノの数の3分の2が，ミュー・ニュート

リノとタウ・ニュートリノに半分ずつ変わってしまっているのである．

　デーヴィスは，太陽ニュートリノの測定結果に関わる業績により，2002年度のノーベル物理学賞に輝いたのであった．理論的な計算により，デーヴィスの事業を支えたバコールには，この賞は与えられなかった．彼はデーヴィスの受賞後，「もう自分には受賞の機会はこない」とつぶやいたという．

　個人的な想い出にふれると，デーヴィスと初めて私が会ったのは，1979年秋にアメリカ，コロラド州のボールダーで開かれたある国際会議の折であった．大きな身体を私に向けてかがみこむように話しかけてくれた．彼が測定した電子ニュートリノのフラックスにみられる準2年周期性の存在について，「Nature」誌に発表した私の研究結果を，肯定的に評価してくれたのを，今でもはっきりと彼の風貌とともに想い出すことができる．また，ある国際会議のために，彼が日本を訪れたとき，私は2人だけで，東京池袋のあるレストランで，食事をする機会をもった．このとき，彼が私に言ったことは，今でも私は忘れていない．それは

　「誰も信じないような仕事をすることくらい，やり甲斐のあるものはない．たった1人でも信じてやる．これが私の信条なのだ」

というものであった．

　残念なことに，2004年にデーヴィスは逝ってしまった．長きにわたって，デーヴィスの測定事業を，理論的に支えてきたバコールもこの世を去った．この2人と知り合えたことを，私は大変な幸せと感じているのである．

エピローグ
― 宇宙プラズマ物理学が目指すこと

　地球の大地から 100 km ほど上空から，500 km ほどの高度にまで広がる大気層は，密度は極めて小さいものの，その大気は，太陽から放射される紫外線や X 線により電離（イオン化）され，極めてよい電気的な導体と，昼間側ではなっている．地上 500 km 辺りから，さらに遠く離れたところには，地球外の空間から侵入してきた，比較的エネルギーの高い陽子ほかの正イオンや電子が，地球の磁場に捉えられて，ヴァン・アレン帯（van Allen radiation belt）の内帯（inner belt）を形成している．さらに遠くへと離れると，地球半径の 3～5 倍ほどの広い領域にわたって，強力なヴァン・アレン帯外帯（outer belt）が広がっている．これらについては，第 1 章ですでにふれている．

　地球中心から，地球半径の 10 倍以上離れた昼間側では，太陽コロナの外延から溢れて流れだした超音速のプラズマ流，いわゆる太陽風が，磁気圏の外側を吹き荒れており，他方，夜側では，地球から伸び広がる磁力線が長く尾を引いて，まるで"吹き流し"のようにみえる構造を作りだしている（図 1-2）．太陽風は，太陽・地球間の距離（1 天文単位（A.U.））の 100 倍ほどのところまで，太陽がすすむ方向では吹いていっている．その反対側は，その何倍かのところまで，広がっている．この太陽風が吹き荒れている空間が，太陽圏（Heliosphere）と呼ばれているのである．

　予想されるように，この太陽圏の内部は，陽子ほかの正イオンや電子から成るプラズマが広がった空間で，その物理的な状態の研究には，プラズマ物理学についての知識が，大いに力を発揮している．太陽圏の外側には，天の川銀河の空間が広がっており，そこにはプラズマと磁場が存在し，多彩なプラズマ物

理的現象が，くり展げられている．

　太陽は地球を含めて8個の惑星たちをひきつれて，天の川銀河の中心から3万光年ほど離れた空間にあって，銀河面にほぼ沿うように，この銀河の回転速度よりも 20 km/sec ほど速く運動しており，その向かう方向は，現在のところ，ヘルクレス座がある領域である．先にふれたように，この銀河空間には，プラズマが，極めて低い密度だが磁場とともに，主にアームに沿って広がっている．

　天の川銀河は，この広大な宇宙に，その数が1000億とも言われる銀河の1つで，この銀河の最も近くに位置するアンドロメダ銀河と，形状がよく似た渦巻き銀河に分類されている．アンドロメダ銀河は，天の川銀河から200万光年ほど遠くに位置しており，私たちの住む地球から，肉眼で見える唯一の天の川銀河外の大きな銀河である．この銀河にも，星々や星間ガスだけでなく，プラズマが広がっている．天の川銀河とアンドロメダ銀河の2つは，これらの銀河の周囲にある大小のマゼラン雲や，その他伴銀河などを含めて1つの島宇宙（Island Universe）を形成している．この島宇宙の至るところに，プラズマが広がっている．

　このように，宇宙の至るところに，プラズマと磁場が広がって存在し，本書で研究してきた磁化プラズマが，多彩な物理現象を作りだしているのである．多様な，磁化プラズマが織りなす物理現象の研究にとって，プラズマ物理学の理論と方法に基づいてなされる研究が，基本的な理解への重要な手掛かりを与えてくれるのであろうと，期待されるのである．

　したがって，プラズマ物理学に対する基本的な理解が，広大な宇宙空間に広がる磁化プラズマの研究にとって，必要不可欠な研究手段を与えてくれることになる．本書では，この研究手段へ通じる基本的な知識の理解と理論について，必要最低限と想定される内容を盛りこんでいることがらを中心に述べるよう試みているのである．

　宇宙プラズマ物理学と呼ばれるこの研究分野は，先に述べたように，いろいろな領域で，今後さらに，その重要性を増していくものと予想されるのである．そのための導入とできるようなことがらを，本書では述べられたと，著者である私は確信しているのである．その評価については，本書を手にとられ，勉強

された方々から伝えて頂ければ幸いである．

　宇宙プラズマ物理学の今後の洋々たる進展に期待しつつ，この学問の目指すことがらについて，その将来の展望に有用となるべき試みを成し得たのではないかというのが，著者である私が，現在感じていることである．

文献解題 ― 著者の経験から

　この方面の勉強をさらにずっと先まで，深くすすめようと考えておられる方々に，著者が勉強を始めた頃はどんな状況であったか，参考になるかも知れぬという想いに立って，語ってみることにした．

　電離（イオン化）した気体を，プラズマ（plasma）と名づけたのは，放電現象を研究したラングミュア（I. Langmuir）である．彼は正負両イオンと電子とが入り混って存在する気体の状態が，ジェリー状で，植物細胞の原形質（plasma）のそれとよく似ているとして，イオン化した気体の状態を，プラズマと初めて呼んだのだと言われている．物理学の世界では，プラズマ物理学（plasma physics）という表現が，電離（イオン化）した気体について，主として研究する学問に与えられたのは，比較的新しく 1958 年のことであった，と著者は記憶している．

　私が京都大学理学部の学部学生として勉強していた頃（1952～1956 年），プラズマ物理学と呼ばれる学問分野は，まだ確立されていなかった．当時，多くの学生たちが勉強や研究に用い，役立てた有名な書物では，電離気体（ionized gas）とか，完全電離気体（fully ionized gas）という用語が，タイトルに用いられていた．

　1956 年に出版されたスピッツァー（L. Spitzer）の小さな本のタイトルには，"fully ionized gases" が，チャプマン（S. Chapman）とカウリング（T.G. Cowling）の大著（1939 年出版）では，電離気体（ionized gas）という用法がなされていた．当時の私は，両書とも勉強し，後の研究に大いに役立ったという想い出がある．スピッツァーの著書は，1956 年春に早川幸男教授（当時，京都大学基礎物理学研究所）が，セミナーのテキストとして使われていて，私も毎週 1 回，研究所内の同教授の部屋で，厳しい指導を受けた．その本のタイトルほかについて，以下に記しておこう．

L. Spitzer, Physics of Fully Ionzed Gases, Interscience（1956）

しかしながら，最も大きな影響を受けたのは，アルフヴェン（H.Alfvén）が，1950年にオックスフォード大学出版局（Oxford Univ. Press）から出版した『Cosmical Electrodynamics』と題した本からであった．この本は，アルフヴェン教授が自ら研究してきていた宇宙物理学的な現象の多くが，電離（イオン化）した気体に関する研究成果を適用して解ける，言い換えれば，現象の本質が理解できることを，明らかにした内容から成っていたからである．

十分な理解はできなかったが，当時の私は，電離層（ionosphere）の物理学的な研究に電離気体に関する知識が重要であることについては，勉強を通じて知っていた．また，この方面の勉強には，電離気体の電気力学的な知識とその理解が重要であることもわかっていたので，このアルフヴェンの原書を，取り寄せ，学部学生の後半（3，4年生）に勉強した．

アルフヴェンはその後，彼が働いていた研究所のフェルトハムマー（C.G.Fälthammer）とともに，『Cosmical Electrodynamics』の第2版（1963年）を著している．だが，こちらは教科書風な体裁と中味で，1950年の初版本のような，人に強烈に語りかけるような個性が，ほとんどすべて影を潜めてしまっていて，本音をいうと，読んでもあまり面白くもないし，訴えかけてくるようなこともない．これが，当時の私が抱いていた感想であった．しかしながら，宇宙物理的な諸現象について，プラズマ物理学的な手法により，研究するための基本的な勉強を望まれる方々にとっては，第2版の方が，ずっと有用であると言ってよいであろう．

早川先生がセミナーで使用したスピッツァーの著書，『Physics of Fully Ionized Gases』（初版は1956年，第2版は1962年，Interscience）は，このたびの著書と同じくらいのページ数で，扱っている内容にも大きな違いはない．初版が出版された当時には，プラズマ物理学という学術用語はなかったが，現在からみても，プラズマ物理学の学習にとっての基本的な内容について，ていねいに勉強すれば，大いに有用で，研究にとっても役立つことであろう．

チャプマンがカウリングの協力をえて著した気体運動論についての本は，

『The Mathematical Theory of Non-Uniform Gases』（初版，1939年，第2版，1952年，Cambridge University Press）と題されており，その最終章で，電離気体を取り扱っている．表題が示すように，数学的に厳密に理論の展開がなされている．大学4年生のときに，広野求和博士（当時，助手，のちに九州大学理学部教授）指導の下に，勉強したチャプマンやカウリングが発表していた電離気体の理論的取り扱いや，地球上層に広がる電離層の変動が，地球磁気の静穏日における日周変化（Sq variation）をひき起こすことなどに関する長い論文を読み上げたのも，今では懐しい想い出である．

カウリングが1957年に出版した小さな本，『Magnetohydrodynamics』（1957年，Interscience）には，本書で言及したカウリングの定理が，理解しやすい形に工夫された上で，語られている．この定理について，カウリングが最初に言及した論文を，ここで示しておこう．当時，この論文も，私は勉強したのだった．

　　T.G. Cowling, The magnetic field of sunspots, *Mon. Not. RAS*, **94**, 39（1934）

カウリングの定理は，太陽や地球，その他多くの星々や，太陽系の外惑星である木星，土星，天王星，海王星の4天体が磁場をもっているが，その磁場の起源の研究に対し，強い制限を課すものなのである．

カウリングは，上記の書物より時期的に早く，シカゴ大学のカイパー（G. P. Kuiper）教授が編集した，『The Sun』（1952年，University of Chicago Press）に，「Solar Electrodynamics」と題し，太陽と呼ばれる天体に観測される多彩な電磁的現象について概説した中で，太陽磁気の起源について，太陽ダイナモ理論の概要を詳説している．この概説も，大学4年生の間に勉強した．今も手許に，その勉強のノートが残されている．

ちょっと脇道へずれるが，カイパー教授の名前は，太陽系の最外延部に広がる微小天体の集団が，カイパー・ベルト（Kuiper Belt）と呼ばれているので，その名前を知っている人は，多いことであろう．

元に戻って，このカウリングの概説ほかについて読み，勉強していく中で，地球磁気の起源について，重要な研究成果を上げたエルザッサー（W.M. Elsasser）により，「Physical Review」誌に発表された一連の研究論文と，

「Reviews of Modern Physics」誌に書かれた，次の綜説論文も，勉強することになった．

  W. M. Elsasser, Hydromagnetic Dynamo Theory, *Rev. Mod. Phys.* 28, 135
   (1956)

　太陽，地球の両天体をはじめとして，星々の多くがもつ磁場の起源論については，ブラード（E.C. Bullard），チャンドラセカール（S. Chandrasekhar），ヘルツェンベルク（A. Herzenberg），メステル（L. Mestel）ほか，たくさんの研究者により書かれた研究論文を，勉強することになったのだが，この方面の研究に深入りすることはなかった．だが，1つだけふれておきたいのは，本文中で言及したフェラーロの定理についてである．

　フェラーロは，チャプマンと2人の共著で，地球磁気嵐（geomagnetic storm）に関する研究論文を，1931年以後，相次いで発表した．これら一連の論文もすべて，私は勉強したのだった．このフェラーロがのちに単独で，先に述べたように，自分の名前を冠して呼ばれる，星の磁場の共回転（co-rotation）に関する論文を発表したのであった．

  V.C.A. Ferraro, On the equilibrium of magnetic stars, *Astrophys.* J. 119, 467
   (1956)

この論文に先行したのが，下記のものである．

  V.C.A. Ferraro, Non-uniform rotation of the sun and its magnetic field, *Mon.*
   Not. RAS, 97, 458（1937）

この論文が証明した，自転する星から外部の空間に伸び広がる磁力線が，その運動により限定される条件も，天体磁気の起源に関する研究では，本質的に重要な役割を果たすことを，忘れてはならない．

　磁気を帯びたプラズマ，いわゆる磁化プラズマが運動する際に，このプラズマ中に伸び広がる磁力線が，プラズマの運動といかに関わるかの詳しい解説は，カウリングにより前出の概説「Solar Electrodynamics」の中で与えられている．この磁場とプラズマの相互作用において，アルフヴェンの定理が重要な役割を果たすことが，このカウリングの概説で示されているのである．だが，私たちにとって最もすばらしいと言ってよいのは，アルフヴェン自らが，その著書，

『Cosmical Electrodynamics』(前出,初版,1950年)の中で,モデルを用いて説明していることである.

冒頭で述べたように,私が大学を卒業する頃には,プラズマ物理学という名前の学問は,まだ提案されていなかった.地球物理学科の学生として,地球電磁気学とその関連分野(後に,太陽地球系物理学(Solar Terrestrial Physics)として発展する)の専攻を希望していた私は,この学問につながることから,アルフヴェンとチャプマン・カウリングによる2つの本を,ていねいに勉強した.電離(イオン化)した気体の電気力学的な挙動が,電離層とその外延大気の研究にとって極めて有用であることを,見通せていたからであった.

彼らの著書よりあまり日を経ていないで出版されたシュテルマー(C. Störmer)によるオーロラに関する本,『The Polar Aurora』(1955年,Oxford Univ. Press)を,やはり購入し,この本の勉強を通じ,宇宙線の地磁気効果(Geomagnetic Effect)について,研究することになった.この本の内容と関わって,早川幸男先生が,「理論物理学新講座」(朝永振一郎・伏見康治編,弘文堂)の第10巻(1954年)に寄稿した2つの解説もていねいに勉強し,宇宙線物理学という学問分野への眼を開かせてもらえた.宇宙線物理学に関わった研究へと,後年,入っていくきっかけは,早川先生による解説について学んだことにあった.のちに,早川先生は,『Cosmic Ray Physics』(1969年,Interscience)と題した大著を,世に問われている.この本は,私がアメリカのNASAゴダード宇宙飛行センター(NASA, GSFC)で,宇宙物理学方面の課題ほかについて研究に従事していた当時に,手に入れて一部分だが,仕事の中で,勉強させて頂いた.

このたびの本書で,語ってきた事柄のほとんどすべては,私自身の研究と関わりがあり,その研究において導かれた結果が,たくさん用いられている.そのような次第で,私自身の仕事からの引用もなされている.例えば,変動する磁場内における荷電粒子の運動と,それから導かれる加速現象がある.これらの事柄に関連した私の研究論文や,綜説論文には,以下に示すようなものがある.

K. Sakurai, On the acceleration mechanisms of solar cosmic rays in solar flares, *Pub. Astron. Soc. Japan*, 17, 403 (1965)

- K. Sakurai, The adiabatic motion of charged particles in varying magnetic fields, *Rep. Ionos. Space Res. Japan*, 19, 401 (1965)
- K. Sakurai, Energetic particles from the sun, *Astrophys. Space Sci.* 28, 375 (1974)
- K. Sakurai, Physics of Solar Cosmic Rays, pp.438, University of Tokyo Press (1974)

4番目にあげたのは，単行本である．また，3番目のものは，146ページと長いもので，太陽フレアに関連して生成される高エネルギー粒子について，その加速機構から，惑星間空間内の伝播機構などについて総合的に述べたものである．この中で，早川先生ほかが理論的に展開された荷電粒子の加速機構に関する解析力学的理論が，解説されている．

原文献は，次にあげる2つの総合論文である．

- S. Hayakawa and H. Obayashi, Canonical formalism of the motion of a charged particle in a magnetic field, in Space Exploration and the Solar System (ed. by B. Rossi), p.23, Academic Press (1965)
- S. Hayakawa, J. Nishimura, H. Obayashi and H. Sato, Acceleration mechanism of cosmic rays, *Prog. Theor. Phys. Suppl.* No.3, p.86 (1964)

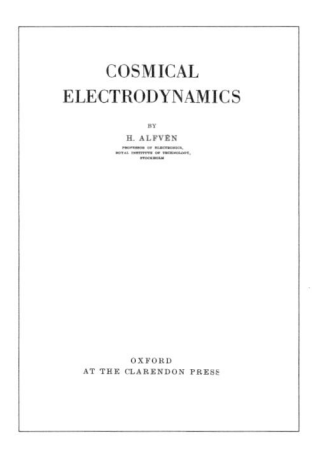

図 A-1 アルフヴェン教授が著した宇宙プラズマ物理学の解説書（教授の研究成果が語られている）

荷電粒子の電磁場内における運動を，案内中心（guiding center）近似により取り扱う方法は，アルフヴェンにより1940年に早くも始められた．その最初の論文を，次に示しておこう．

  H. Alfvén, On the motion of a charged particle in a magnetic field, *Ark. f. Mat. Astron. o Fysik*, 27A, No.22（1940）

この研究結果は，図A-1に示した本（1950年）の中で，その詳細が語られている．この方面の研究は，のちに，ノースロップ（T.G. Northrop）により，詳しくなされている．その集大成は，次にあげる著書に示されている．

  T.G. Northrop, The Adiabatic Motion of Charged Particles, Interscience（1963）

本文中でふれているように，宇宙線の加速機構のフェルミ加速については，フェルミによる2つの論文がある．理学研究科にて勉強していた当時，どちらもていねいに勉強し，本文中で展開したような手法を，私はみつけだしたのであった．

  E. Fermi, On the origin of cosmic radiation, *Phys. Rev.* 75, 1169（1949）

  E. Fermi, Galactic magnetic fields and the origin of cosmic radiation, *Astrophys. J.* 119, 1（1954）

また，ノースロップは，先に引用した著書を書き上げるより前に，その先駆けとなる2つの論文を発表している．

  T.G. Northrop, The guiding center approximation to charged particle motion, *Ann. Phys.* 15, 19（1961）

  T.G. Northrop and E. Teller, Stability of the adiabatic motion of charged particles in the earth's field, *Phys. Rev.* 117, 215（1960）

磁化プラズマ内の電磁波動に関わった事柄について，私が最初に勉強したのは，次の本であった．

  前田憲一・後藤三男，電波伝播（岩波全書）（1953年，岩波書店）

その後，磁化プラズマ内の電磁波動については，以下にあげるいくつかの本に詳しく解説されている．

  前田憲一，電波工学（1959年，共立出版）

T.H. Stix, The Theory of Plasma Waves, McGraw Hill（1962）

K.G. Budden, Radio Waves in the Ionosphere, Cambridge Univ.Press（1961）

V.L. Ginzburg, The Propagation of Electromagnetic Waves in Plasmas, Pergamon Press（1964）

プラズマ振動について，最初にその存在を指摘したボーム（D. Bohm）らによる研究論文ほかも勉強した．

D. Bohm and D. Pines, A collective description of electron interaction, *Phys. Rev.* 82, 625（1951）

E. Aström, On waves in an ionized gas, Ark. Fys. 2, 443（1950）

L. Tonks and I. Langmuir, Oscillations in ionized gases, *Phys. Rev.* 33, 135（1929）

磁化プラズマ中のアルフヴェン波も含む電磁流体波（hydromagnetic waves）については，アルフヴェンの著書（図 A-1）に詳しく語られている．特に，フェルトハムマーと共著となる第2版では，磁化プラズマ中における3つの電磁流体波について，わかりやすくていねいに説明している．

　最近，私がしばしば参照する宇宙プラズマ物理学に関係した著作をいくつかあげて，読者となられた方々の参考に供したい．

P.A. Sturrock, Plasma Physics, Cambridge Univ. Press（1994）

B.V. Somov, Fundamentals of Cosmic Electrodynamics, Kluwers（1994）

B.V. Somov, Cosmic Plasma Physics, Kluwers（2000）

L. Mestel, Stellar Magnetism, Oxford Univ. Press（1999）

メステル（Mestel）の本は，天体磁場の起源について勉強するのに，適当であろう．彼はこの方面の研究において，多くの研究成果を上げているからである．

　今まで，宇宙プラズマ物理学の研究に関わった，いろいろな研究論文や著書を記してきたたが，こうした勉強を通じて，私が学んだ事柄を中心に，本書で語ってみた．研究者一人ひとりにとって，視点が互いに異なるので，本書で私が語ってきた内容が，読者となってくれた方々のすべてに，共通に役立つようなよい内容のものであったかどうかについては，本書を手にとられて勉強された方々からの御意見や御批判を待たなければならない．だが，著者である私は，宇宙

プラズマ物理学の核心にふれる内容になるよう，常に努力して執筆した．

このたびの本書が，読者となられた方々にとって，将来の勉強や研究に何らかの道標となってくれるのだとしたら，著者の私にとって，幸いなことと感謝したい．

最後にもうひと言，付け加えさせて頂きたい．宇宙線の研究に宇宙物理学的な視点から取り扱った，私たちの手に成る総合的な解説書をあげておきたい．

> M. Oda, J. Nishimura and K. Sakurai (eds.), Cosmic Ray Astrophysics, Terra Scientific Pub. (1988)

どのような分野にあっても，勉強のすすめ方には，典型的と言えるようなものはない，と自分の経験から考えている．本書で語ってきた事柄は，あくまでも，本書を手にとられた方々への参考となれば，という意味をこめたものである．勉強のすすめ方は，自分自身の努力を通じて，考えつつ作りあげていくものだからである．

tips 幸運な出会い

大変な幸運とでも言うべきか，宇宙空間物理学（Space physics，この頃は Solar-Terrestrial physics と言う人も増えた）という学問分野の開拓にアルフヴェン（H. Alfvén）とともに，決定的な役割を果たしたチャップマン（S. Chapman）と，3週間余りの長きにわたって，私は寝食を供にするという機会に恵まれた．

1961年9月のことで，チャップマンは，京都で開かれた「宇宙線と地球嵐（Cosmic Rays and Earth Storm）」と題した国際会議における冒頭の招待講演のために招かれて，日本を訪れたのであった．折角，日本に来たのだから，日本風の宿をとりたいとの希望に，私の指導教授であった長谷川万吉教授が応じ，チャップマンの滞在中，その世話をしてほしいと，私は依頼されたのであった．宿にとったのは，京都大学医学部所属の芝蘭会館で，会議場に程近い，琵琶湖からの疎水をへだてたところにあった．

チャップマンと私は，芝蘭会館の畳の部屋で寝食を供にすることになったのだが，大学施設なので冷房設備もなく，布団の上げ下げは自分たちでする

ことになっていた．就寝の際は浴衣を羽織った．食事は朝夕2人きりで，寝起きする部屋で米飯と味噌汁を中心とした和風のメニューで，向かい合って座って摂った．日本式の風呂には，毎晩一緒に入り，いつも私は彼の背中を流してあげた．初めは，私の英語力に困惑したようだったが，チャップマンは面倒がらずに，単語の正しい使い方などについて，やさしく丁寧に教えてくれたのだった．

ある週末のことだが，会議の合間で時間に余裕ができたとき，宿の部屋で当時作っていた研究論文の英語をみてもらったことがある．私の説明を聞きながら，論文の構成の仕方と文章とを，丁寧に直してくれたのであった．赤ペンで手を入れてもらったので，私の原稿は真っ赤になってしまった．「これでよかろう」と，原稿を返してもらったとき，私は感謝の気持ちで一杯だったので，「チャップマン先生のお陰で，論文の英語がベスト（best）となりました．ありがとう」と，礼を述べたのだった．

その言葉を聞いたチャップマンが言われたことを，今でもよく記憶している．「先生のお陰で，ベター（better）な英文になりました．ありがとう」と，彼に言い直しさせられたのであった．これに対し，チャップマンは「よろしい」と言われたのであった．彼が言われたのは，今なら当然のこととわかるのだが，どんなものでも，文章にはベスト（best）というものはない．文章の校正は，直していったら終わりのない仕事なのだ，だから，「私が直した文は，お前（私のこと）のものより，ベター（better）なのだ」，というのであった．

今までに200篇あまりの英文の研究論文，ほかに英文の著書いくつか，また日本語による本をたくさん作ってきた私には，チャップマンが私を諭してくれた言葉の意味することがよくわかる．若かったときに，このような大切なことを，こんな偉大な先生から教えられたことは，得難く忘れられないものとして，記憶にとどめられている．

もう1つ，忘れられないチャップマンからの教えがある．それは，ある分野で研究の成果を上げ，周囲の人たちから高い評価を与えられた仕事ができたら，それについてのモノグラフ（monograph）を作り上げるよう心掛け，実際に作れ，これは研究者の義務なのだ．また，モノグラフでないならば，

自分が研究してき分野についての教科書（text book）を作ること，これも義務なのだと言われたのである．このようなことを忘れないでいたがために，後年に生まれて初めての本「Physics of Solar Cosmic Rays」を，私は書き上げ，出版したのであった．

　幸いなことに，この著書は，以下の学術誌に取り上げられ，書評とともに紹介された．「Space Science Reviews」,「Physics Today」,「Observatory」，それに「Science」で，どれも国際的に高い評価を受けている学術誌であった．チャップマンとの出会いがなかったら，この本はうまれかったであろう．また，出会いを作ってくださった長谷川教授に対しても，今も感謝しているのである．

　この著書が出版された後，当時私が所属する研究所（Laboratory）の所長（Chief）であったノーマン・ネス（N.F. Ness）博士に1冊献呈したところ，ずい分と喜んでくれ，感想を手書きの文でくれた．このことは原稿を全て丁寧に読み，いろいろと注意してくれたカール・フィチテル（C.E. Fichel）の示唆ともに，私には忘れられない思い出となっている．彼とのつきあいは，今も続いている．

付録1

気体分子運動論における分子の速度分布

本文中で，マクスウェル・ボルツマンの分布則にふれているので，この速度分布がいかなるものか，また，どのようにして導かれるのかについて，簡単にふれておこう．

多数の分子が，平衡状態においてどのような速度分布を示すのかについて，考えてみよう．今，分子群が速度分布 f(v) にしたがっていると仮定すると，分子の質量を m としたとき，次式が成り立つ．（＜＞は平均を表す）

$$\frac{m}{2}<v^2> = \iiint_{-\infty}^{\infty} d\boldsymbol{v} \cdot \frac{1}{2}mv^2 f(\boldsymbol{v}) \tag{1}$$

上式から，v^2 の平均値が求められる．

平衡状態にあるので，気体分子が存在する空間では至るところで，釣り合った状態が実現されているはずである（詳細釣り合いの原理と呼ぶ）．このような状態では，分子間の衝突の前後で，順・逆の過程において，衝突の回数はそれぞれ

$$f(\boldsymbol{v}_1) \cdot f(\boldsymbol{v}_2) d\boldsymbol{v}_1 d\boldsymbol{v}_2$$

および

$$f(\boldsymbol{v}_1') \cdot f(\boldsymbol{v}_2') d\boldsymbol{v}_1' d\boldsymbol{v}_2'$$

に比例しているはずである．" ´ "は衝突後の速度成分を表す．両者は等しく，かつ

$$d\boldsymbol{v}_1 d\boldsymbol{v}_2 = d\boldsymbol{v}_1' d\boldsymbol{v}_2' \tag{2}$$

でなければならないから，

$$f(\boldsymbol{v}_1) \cdot f(\boldsymbol{v}_2) = f(\boldsymbol{v}_1') \cdot f(\boldsymbol{v}_2') \tag{3}$$

また，すでに仮定しているように，

$$f(\boldsymbol{v}) = f(-\boldsymbol{v})$$

が成り立っているから，f(v) は v^2 の関数でなければならない．

衝突の前後では，エネルギーが保存されているはずだから $(v_1^2 + v_2^2 =$

$v_1'^2 + v_2'^2$.

ここで，式 (3) において，$v_2'^2 = 0$ となったとすると，

$$f(x)f(y) = f(0)f(x+y)$$

の形に表せる．上式を y で微分し，そのあとで y=0 とおくと，

$$\frac{f'(x)}{f(x)} = \frac{f'(o)}{f(o)} = 一定\ (=\alpha) \tag{4}$$

がえられる．この式から，

$$f(v) = Ae^{-\alpha v^2} \tag{5}$$

という結果が導かれる．

次に，A と α とを決める．分子数を N とおくと，

$$\iiint f(v) dv = N$$

$$\iiint \frac{1}{2} mv^2 f(v) = \frac{3}{2} NkT$$

が成り立つはずだから，これらの結果から，

$$A = N\left(\frac{\alpha}{\pi}\right)^{3/2} \alpha = \frac{m}{2kT}$$

と求まる．k はボルツマン定数

したがって，式 (5) は，

$$f(v) = N\left(\frac{m}{2\pi kT}\right)^{3/2} \cdot e^{\frac{-mv^2}{2kT}} \tag{6}$$

となる．この式を，マクスウェル・ボルツマンの速度分布則という．上式について，v_y と v_z について積分すると，$f(v_x)$ が求まる．

$$f(v_x) = N\left(\frac{m}{2\pi kT}\right)^{1/2} e^{\frac{-mv_x^2}{2kT}}$$

このような形の式は，ガウス分布と呼ばれている．

付録2

物理定数表

物理定数

光の速さ（真空中）	$c = 2.997930 \times 10^{10}$ cm/s $= 2.997930 \times 10^{8}$ m/s
万有引力の定数	$G = 6.670 \times 10^{-8}$ dyn·cm^2/g^2 $= 6.670 \times 10^{-11}$ N·m^2/kg^3
アボガドロ数 （1モル分子数）	$N_0 = 6.025 \times 10^{23}$
ロシュミット数, 1cm^3 中の気体分子数（0℃, 1気圧）	$n = 2.687 \times 10^{19}$/cm^3
0℃, 1気圧の気体 （1モルの体積）	22.42 l
気体定数	$R = 8.317 \times 10^{7}$ erg/℃ $= 8.317$ J/℃ $= 1.986$ cal/℃
ボルツマン定数	$k = R/N_0 = 1.380 \times 10^{-16}$ erg/℃ $= 1.380 \times 10^{-23}$ J/℃
熱の仕事当量	$J = 4.186 \times 10^{7}$ erg/℃ $= 4.186$ J/℃
絶対零度	0 K $= -273.15$℃
電子の電荷 $-e$	$e = 1.60206 \times 10^{-19}$ C $= 4.80286 \times 10^{-10}$ esu
電子の質量	$m = 9.1083 \times 10^{-28}$ g $= 9.1083 \times 10^{-31}$ kg
水素原子の質量	$m_H = 1.6733 \times 10^{-24}$ g $= 1.6733 \times 10^{-27}$ kg
	$m_H/m = 1836.12$
プランク定数	$h = 6.62517 \times 10^{-27}$ erg·s $= 6.62517 \times 10^{-34}$ J·s $\hbar = h/2\pi = 1.054 \times 10^{-27}$ erg·s $= 1.054 \times 10^{-34}$ J·s
ボーア半径	$a_0 = h^2/me^2 = 5.2915 \times 10^{-9}$ cm $= 5.2915 \times 10^{-11}$ m
リュードベリ定数 （質量無限大の原子核）	$R_\infty = 1.09737 \times 10^{5}$/cm $= 1.09737 \times 10^{7}$/m
電子ボルト	$1eV = 1.60206 \times 10^{-12}$ erg $= 1.60206 \times 10^{-19}$ J
^{86}Krの橙色のスペクトル線の波長 λ_{Kr}	1 m $= 1650763.73 \lambda_{Kr}$
重力の標準加速度	$g_n = 980.665$ cm/s^2 $= 9.80665$ m/s^2
標準気圧（760mmHg）	1.013250×10^{6} dyn/cm^2 $= 1.013250 \times 10^{5}$ N/m^2

付録3

電気・磁気の単位について

　著者が，大学で学んでいた当時は，CGS静電単位系（CGS-esu）とCGS電磁単位系（CGS-emu）の2つが，電磁気学において用いられていた．磁場を含めた場合には，後者を優先に使っていた．これら2つの単位系のほかにCGSガウス単位系を用いた場合もある．現在では，国際単位系（SI）が最もよく用いられている．

　これら4つの単位系について，以下に概略を示しておく．

1) 国際単位系（SI）

　従来のMKSA単位系を基本としたもので，4つの基本単位，m，kg，s，Aを用いている．

2) CGS静電単位系（CGS-esu）

　3つの基本単位，cm，s，gを用い，真空の誘電率を大きさ1の無次元の量とし，1esuの電気量を，真空中で1cmの距離にある相等しい電気量の間に働く力が1dyn（ダイン）であるときのそれぞれの電気量である，と定義する．

3) CGS電磁単位系（CGS-emu）

　真空中の透磁率を大きさ1の無次元の量として，1emuの磁極の強さを，真空中にあって1cmの距離にある相等しい磁極の間に働く力が1dynであるときの各磁極の強さである，と定義する．

4) CGSガウス単位系（CGS-Gauss）

　CGS対称単位系とも呼ばれ，真空の誘電率，透磁率を大きさ1の無次元の量とし，電気的な量にはesuを，磁気的な量にはemuを用いる．電気的な量と磁気的な量とを含む関係式にあっては，速度の次元をもつ比例定数として真空中の光速度が導かれる．

SIでは，$\bm{D}=\varepsilon_0\bm{E}+\bm{P}$, $\bm{H}=\dfrac{\bm{B}}{\mu_0}-\mathrm{M}$ ととる．

ただし，ε_0（電気定数）$=\dfrac{1}{\mu_0 c^2}$

μ_0（磁気定数）$=4\pi\times 10^{-7}\dfrac{\mathrm{N}}{\mathrm{A}^2}$ （$\dfrac{\mathrm{N}}{\mathrm{A}^2}$：透磁率）

あとがきに代えて──太陽活動にみられる最近の状況について

　第4章で取り上げた天体磁気の起源の説明で，ダイナモ機構（dynamo-mechanism）が，いかに機能しているかについては，太陽に観測される磁場の経度変化，特に黒点活動に関わった黒点に伴う磁場と，太陽の両極地方に観測されるいわゆる極磁場（polar magnetic field）の2つの変動性の観測結果に基づいて，私たちに見せる太陽の現実の姿を伺うことができる．

　現在，太陽の磁気活動の指標（index）と考えてよい，全球的に見られる黒点発生の頻度が極端に小さくなってしまっており，太陽活動は休止状態に陥ってしまったかのようになっている．また，極磁場についても，太陽活動の極大期を挟んだ2，3年の間に逆転するのが，通常観測されるのに，現在ではこの逆転の過程も中途で止まってしまったかのような状態となっている．

　現在，観測されている太陽の磁場活動は，黒点群の磁場および極磁場の両者について，今後どのように推移するか，予測するのが極めて困難な状況にある．このように現在の姿が，なぜ生じたのかについて，歴史上に，これと類似した状況が存在しなかったかどうかを調べてみる．近代以後，太陽の観測結果をみると，17世紀半ばから18世紀初めにかけての70年ほどにわたる期間に太陽活動の無黒点期であったマウンダー極小期（Maunder Minimum）にみられた変動のパターンと極めてよく似ているように見える．また，1800年を挟んだ前後数十年にわたるドールトン極小期（Dalton Minimum）における太陽活動とも類似していることがわかる．どちらにしても，現在の太陽活動にみられる変動パターンは，先に挙げた2つの極小期にみられた太陽活動の姿を想い起こさせるのである．

　本書の第4章では，天体磁気の起源についてのダイナモ機構とは，どのようなものであるか，基本的な仕組みをめぐる取り扱いについてだけ述べている．しかし，今後の太陽活動の挙動をめぐっては，ダイナモ機構に対する検証だけ

でなく，天体磁場の起源とその消長をめぐる研究にまでわたって，参考になる説明が，本書の中にすでに語られているのではないか，と著者は考えている．

　その上で，ダイナモ機構がどのように，実際に，太陽の磁気活動において機能しているのかについての研究も，本書の中でなされた解説から研究に対して，有益かつ役に立つ手掛かりが得られるのではないかとの期待があることを，ここで述べておきたい．現在，太陽の両極地方に観測されている磁場のパターンは，太陽活動周期（サイクル）19で，実際に観測された極磁場の逆転の経過と大変よく似ていることをここで注意しておきたい（2012年8月現在）．

事項索引

■ 数字・アルファベッド ■

1987a　48
Ⅰ型電波バースト　123
Ⅱ型電波バースト　95
Ⅳ型電波バースト　34, 123
L 波　112
R 波　112
α 効果　66, 67
Ω 効果（Ω-effect）　60

■ ア行 ■

アーム　9, 78
熱いプラズマ（warm plasma）　114
天の川銀河　9, 78, 128
アルフヴェンの定理　50, 68
アルフヴェン波　114, 116
アンドロメダ銀河　128
案内中心（Guiding Center）　23, 24, 27
　——近似　78
イオンサイクロトロン共鳴　113
異常波　112
ヴァン・アレン放射線帯　29, 82
渦糸　51
宇宙線　3, 9, 49, 77, 78, 82
　——の超新星起源論　34
　——粒子の剛さ　89

宇宙物理学（Astrophysics）　66
宇宙プラズマ物理学　3
運動学　13
円偏光　112
オーム（Ohm）の法則　46
オーロラ　2, 7, 33, 94
　——帯キロメーター波放射　33
オリオン・アーム　11

■ カ行 ■

カウリングの定理　52, 70
核融合研究所（ITER）　72
加速機構　77
加速の割合　84
荷電粒子と波動との相互作用　117
かに星雲　34
球状星団　9
共鳴　112
極性法則　67
銀河磁場　9, 78
金星　8
グラニュール（granule）　101
傾度ドリフト　29
光球　3
黒点　55
コリオリの力　66, 67
コロナ　4, 101

──・ガスの加熱機構　101

──質量放出　94

■ サ行 ■

サイクロトロン共鳴　121
サイクロトロン周波数　108
彩層　4, 101
差動回転　55, 56, 68
散開星団　9
磁気嵐　94
磁気音波　114, 116
磁気圏　6
磁気衝撃波による加速　93
磁気能率　26, 79
自転の角速度　56
磁場についての拡散方程式　40
磁場の共回転（co-rotation）　59
磁場の凍結原理（frozen-in principle）　50
磁化プラズマ（magnetized plasma）　49, 106

──の安定性　70

島宇宙　128
種族 I　9, 78
種族 II　9
衝撃波　78, 94, 96
磁力線周囲の作用積分　81
磁力線の運動　86
磁力線の再結合　72
シンクロトロン（synchrotron）　93

──放射　33

──放射機構　93

星間空間　9
正常波　112
静電波　113
静電波動　118
静電ポテンシャル（ϕ）　15
切断　112
旋回運動（ジャイロ運動）　78, 91, 98, 108
速進波　112

■ タ行 ■

第1の不変量（invariant）　81
第2の不変量　82
第3の不変量　81
大小のマゼラン雲　128
ダイナモ作用（dynamo action）　52, 59, 78
ダイナモ・モデル　53
ダイナモ（Dynamo）理論　44, 69
太陽　3, 11, 52, 65, 128

──宇宙線　22, 35

──活動　52, 56, 63

──活動の周期　63

──圏　5, 9, 105, 127

──定数（Solar Constant）　122

──ニュートリノ問題　125

──のエネルギー源　124

──風　3, 5, 6, 127

──フレア　33, 34, 77, 93, 98

対流層　56
タウ・ニュートリノ　125
縦振動　113

断熱不変量（adiabatic invariant） 30, 92
力が働かない（force-free）磁場 73
地球磁気圏 81
地磁気効果 18
遅進波 112
超新星 47, 78
　── 爆発 124
直線偏光 112
冷たいプラズマ（cold plasma） 106
デバイ距離 37, 38
電気伝導度 51
電気伝導率 40
電気分極 107
電子サイクロトロン共鳴 112
電子ニュートリノ 48, 125
電子の集団運動 113
電磁波 106, 117
電磁波動の伝播 109
電磁放射 31
電磁流体 6, 39
　── 波 114
電波天文学 106
電場によるドリフト速度 84
電離層 2
等回転（isorotation）の原理 57
特殊相対論 14
ドリフト（drift） 14, 17, 27, 46, 78, 79
　── 運動 23
トロイダル（toroidal）な磁場 59, 60

■ ナ行 ■

ねじれの不安定性 71
熱核融合反応 100
熱放射 122

■ ハ行 ■

パイオニア 5
ハイブリッド共鳴 113
波動現象 105
バブコック・レイトン・モデル 53, 69
パルサー 105, 124
ハロー 10
非線型効果 95
フェラーロの定理 55, 70
フェルミⅠ型の加速機構 84, 88, 90
フェルミⅡ型の加速機構 85, 87
フェルミ加速 91, 93, 99
　── 機構 82
物質の3態 1
プラズマ（plasma） 2, 37, 105
　── 加熱 99
　── からの電磁放射 121
　──・シート 7, 72, 94, 102
　── 振動 113
プランク放射 122
フレア星 77
分散関係 106, 111
ベータートロン加速 88, 91, 93
　── 機構 86
ヘール天文台 65
ヘールの極性法則 63

変位電流（displacement current） 39
ボイジャー 5
ポロイダル（poloidal）な磁場 60

■ マ行 ■

マクスウェルの基礎方程式 42, 109
マクスウェル・ボルツマンの速度分布則
　117
マクスウェル・ボルツマン分布 37
マリナー2号 22
慣性運動によるドリフト 28
慣性ドリフト 28
マンハッタン計画 90
ミュー・ニュートリノ 125

無黒点期 62

■ ヤ行 ■

誘電率テンソル 107, 108
輸送現象 44

■ ラ行 ■

ラーモア運動 23
ラーモア周期 26
ラーモア半径 30
らせん運動（旋回運動） 15, 17
ランダウ減衰 118, 121
ローレンツ力 14, 32

人名索引

■ ア行 ■

アボット（C. Abbot）　122
アルフヴェン（H. Alfvén）　50, 114
ウィーナー（N. Wiener）　65
ウォルフ（R. Wolf）　55
エルザッサー（W.M. Elsasser）　53

■ カ行 ■

ガウス（C.F. Gauss）　2, 6
カウリング（T.G. Cowling）　53
ガリレオ（G. Galilei）　55, 56
ギンツブルグ（V.L. Ginzburg）　34, 35
グロトリアン（W. Grotrian）　4
ケプラー（J. Kepler）　47

■ サ行 ■

シャイナー（R. Scheiner）　55
シュクロフスキー（I.S. Shklovsky）　34, 35
シュテルマー（C. Stϕrmer）　23
シンプソン（J.A. Simpson）　34
スティックス（T.H. Stix）　118
スピッツァー（L. Spitzer）　45
スワン（W.F.G. Swan）　86, 91

■ タ行 ■

チャップマン（S. Chapman）　50
デーヴィス（R. Davis）　125
テラー（E. Teller）　81

■ ナ・ハ行 ■

ノースロップ（T.G. Northrop）　81, 86
パーカー（E.N. Parker）　4, 22
パインズ（D. Pines）　113
バコール（J.N. Bahcall）　125
バブコック父子(H.W. and H.D. Babcock)　52, 53, 66
早川幸男　35, 86
ハリオット（T. Harriot）　55
ハワード（R.B. Howard）　66
フェルミ（E. Fermi）　49, 84, 86, 90
ブラーエ（T. Brahe）　47
ヘール（G.E. Hale）　52, 55, 63, 65
ボーム（D. Bohm）　113

■ マ・ラ行 ■

マクスウェル（J.C. Maxwell）　39
ラーモア（J. Larmor）　53
ランダウ（L.D. Landau）　118
レイトン（R. Leighton）　53

☆著者紹介

桜井邦朋（さくらい くにとも）

現在，早稲田大学理工学術院総合研究所客員顧問研究員，横浜市民プラザ副会長，アメリカアラバマ州ハンツビル市名誉市民．1956年京都大学理学部卒，理学博士．京都大学工学部助手，助教授，アメリカNASA上級研究員，メリーランド大学教授を経て，神奈川大学工学部教授，同学部長，同学長を歴任．研究分野は高エネルギー宇宙物理学，太陽物理学．著書には，『太陽―研究の最前線に立ちて』(サイエンス社)，『天体物理学の基礎』(地人書館)，『日本語は本当に「非論理的」か』(祥伝社)，『ニュートリノ論争はいかにして解決したか』(講談社)，『移り気な太陽―太陽活動と地球環境の関わり』(恒星社厚生閣) 他100冊余り．

宇宙プラズマ物理学

2012年9月15日　初版1刷発行

桜井邦朋　著

発行者　片岡一成

製本・印刷　株式会社シナノ

発行所　株式会社 恒星社厚生閣
〒160-0008　東京都新宿区三栄町8
TEL：03(3359)7371／FAX：03(3359)7375
http://www.kouseisha.com/

（定価はカバーに表示）

©Kunitomo Sakurai, 2012 printed in Japan
ISBN978-4-7699-1286-6 C3042

JCOPY ＜(社)出版者著作権管理機構　委託出版物＞

本書の無断複写は著作権上での例外を除き禁じられています．複写される場合は，その都度事前に，(社)出版者著作権管理機構（電話03-3513-6969，FAX03-3513-6979，e-mail:info@jcopy.or.jp）の許諾を得てください．

好 評 発 売 中

移り気な太陽
－太陽活動と地球環境との関わり

桜井邦朋　著
四六判/172頁/並製/定価 2,205円（本体 2,100円）

異常気象の原因は炭酸ガスである．その政治的な事実とは異なる科学的な真実を，太陽物理学者の第一人者が，半世紀にあまる多大な研究成果から解き明かす．そこから太陽の自転，黒点，宇宙線，惑星間磁場等との地球気候の因果関係が見えてくる．市民講座の講演をもとに読みやすく書き下ろした．

"不機嫌な"太陽
－気候変動のもうひとつのシナリオ

H. スベンスマルク・N. コールダー　著
桜井邦朋　監修／青山洋　訳
A5判/252頁/並製/定価 2,940円（本体 2,800円）

太陽活動低下等により地球大気中へ宇宙線の侵入量が増加し下層雲を形成．その結果，地球が寒冷化するという斬新な学説を，主観や感情を交えず平易な言葉で語る．この太陽と宇宙が操る「シナリオ」が，喫緊の問題として取り上げられている気候変動の未来予想に一石を投じる．海外で話題となった著作の邦訳本．

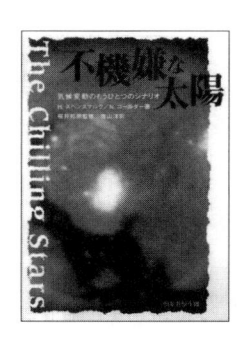

天文マニア養成マニュアル
－未来の天文学者へ送る先生からのエール

福江　純　編
B5判/160頁/定価 2,520円（本体 2,400円）

高校までに学ぶ天文学のエッセンスをギュッと1冊に濃縮．まだ教科書にはない最新研究成果や天体に関する素朴な疑問への回答などを判りやすく解説．人に話したくなる天文学トリビアの紹介や天文好きを生かすための進路アドバイスなど多彩なコラムをちりばめ，天文好き学生のために現役教師と天文学者総勢24名が共同執筆．

恒星社厚生閣